DE
L'ALIMENTATION DES VÉGÉTAUX

CONFÉRENCES

DONNÉES A

l'Institut National Genevois (Section d'Agriculture)

PAR

F. BRUNO-GAMBINI

ANCIEN ÉLÈVE DE L'ÉCOLE CENTRALE DES ARTS ET MANUFACTURES DE PARIS
ANCIEN PRÉPARATEUR DE M. J.-B, DUMAS
ANCIEN PHARMACIEN
MEMBRE DE LA SECTION D'AGRICULTURE DE LA SOCIÉTÉ DES ARTS
MEMBRE EFFECTIF DE L'INSTITUT NATIONAL GENEVOIS (SECTION D'AGRICULTURE)

GENÈVE

IMPRIMERIE CENTRALE GENEVOISE, RUE DU RHONE, 52

1885

Extrait du Bulletin de l'Institut National Genevois, t. XXVII.(

DE L'ALIMENTATION DES VÉGÉTAUX

INTRODUCTION

On demandait à une célébrité médicale européenne, si elle n'attribuait pas les nombreuses guérisons qu'elle obtenait, à l'emploi de ces spécialités dont chacune est annoncée comme guérissant telle ou telle maladie, et à celui de ces produits nouveaux dont les sciences s'enrichissent chaque jour, et que recommandent à l'envi les journaux politiques, et les revues scientifiques.

Non, répondit-elle. Et d'abord, je repousse, et avec raison, ces remèdes dont la composition m'est inconnue, et qui ont le très grave inconvénient de favoriser l'ignorance et d'enrayer tout progrès chez ceux qui les emploient.

Quant aux médicaments nouveaux, je suis loin de les dédaigner et de les regarder comme inutiles. Mais comme je ne peux me rendre compte des avantages qu'ils présentent, et de leur supériorité que par comparaison, j'estime qu'avant d'y recourir, il est bon de s'adonner à une étude consciencieuse des substances déjà reconnues comme actives, et dont le temps et l'expérience ont déterminé la valeur.

C'est principalement à elles seules que je dois mes succès, car je les ai assez étudiées et maniées durant ma longue pratique pour être à peu près sûr d'avance des résultats qu'elles donneront dans tel cas particulier, et sur tel tempérament spécial.

Cette manière de voir et de raisonner devrait, ce me semble, être adoptée par tous les cultivateurs qui veulent retirer profit et utilité des engrais chimiques ou minéraux.

Qu'ils suivent l'exemple de notre médecin, qu'ils renoncent à ceux de ces engrais tout préparés, dont la composition est pour eux nuit close, les noms des substances qui en font partie n'étant pas même indiqués dans la plupart des prix-courants des établissements de ces produits.

Qu'ils apprennent quelle est l'action du fumier de ferme, quelle est celle des différentes substances qu'il renferme, et qui lui donnent ses vertus fertilisantes, connaissance d'autant plus nécessaire, que ce sont ces mêmes substances qui constituent les engrais chimiques.

Qu'ils en sachent non seulement les noms, mais les propriétés, la nature intime, le mode d'agir ; alors ils ne tarderont pas à se les approprier, à en faire leur chose, et à pouvoir dire dans la plupart des cas, quel est l'élément du fumier ou de l'engrais chimique qui a fait défaut dans telle ou telle culture souffreteuse, et quel est celui qu'il faut lui donner pour remédier au mal.

Alors seulement, procédant et marchant du connu à l'inconnu, ils pourront essayer de nouvelles substances proposées comme plus actives que celles qu'ils employaient, et juger avec connaissance de cause de leur valeur réelle.

Aider l'agriculteur à entrer dans cette voie, tel est le motif qui m'avait engagé à faire paraître mon petit manuel sur les engrais chimiques, et tel est aussi le motif qui a décidé la Section de l'agriculture de l'Institut genevois à insérer dans le *Bulletin* les trois conférences que, sur la demande de son président, M. L. Archinard, j'y ai données sur l'*alimentation des végétaux.*

Ce sont ces trois conférences qui, tirées à part, forment une seconde édition considérablement augmentée de mon premier travail, publié en 1882.　　　F. Bruno-Gambini.

Genève, Juillet 1885.

DE
L'ALIMENTATION DES VÉGÉTAUX

CONFÉRENCES

Données à l'Institut National Genevois (Section d'Agriculture)

Par F. BRUNO-GAMBINI

I

Alimentation des végétaux.

L'agriculture a fait ces dernières années de grands progrès au point de vue des travaux mécaniques et de la perfection des instruments qui remplacent avantageusement la main de l'homme, mais elle n'a pas suivi la même marche progressive dans ce qui a trait à l'alimentation des végétaux, et à la fertilisation du sol.

En particulier, les engrais chimiques ou minéraux sont mal employés, ils ne sont pas du tout compris des agriculteurs, qui ignorent leur nature, leur mode d'agir, aussi sont-ils loin de remplir le rôle important qu'ils doivent avoir, et qui leur est réservé du moment qu'on les emploiera avec discernement et intelligence.

Pour qu'ils remplissent ce rôle, pour qu'ils complètent l'action du fumier de ferme et le remplacent dans quelques cas avec avantage, il faut que les agriculteurs soient à même de s'en servir avec connaissance de cause et qu'ils sachent :

1° Quelles sont les substances qui composent soit le fumier de ferme, soit les engrais dits chimiques ou minéraux ;

2° Quelle est la fonction que remplit chacune d'elles dans le développement des végétaux.

Les leur faire connaître, tel est, comme je l'ai dit dans mon introduction, le but que je me suis proposé.

Mais, avant d'aborder cette question de l'alimentation des végétaux, il est nécessaire de dire quelques mots sur les conditions générales qui président à leur vie.

II

Conditions générales de la vie des végétaux.

La vie chez les végétaux s'accomplit dans deux milieux bien différents.

Elle s'accomplit dans l'*air* au moyen des *feuilles*.

Elle s'accomplit dans la *terre* par le secours des *racines*.

Avant donc de parler des engrais, c'est-à-dire des substances qui, enfouies dans le sol et absorbées par les racines, alimentent les plantes, il faut d'abord parler de l'air et des corps qu'il renferme, car cet air fournit à ces mêmes plantes la plus grande partie de leur nourriture, et leur est aussi nécessaire qu'il l'est à la vie de l'homme, et à celle des animaux.

L'air est un composé de deux substances invisibles : l'*oxygène* et l'*azote* qu'on appelle *gaz*. Ces deux gaz y sont à l'*état de simple mélange* (1). Mais qu'un orage éclate dans l'atmosphère, qu'une étincelle électrique, la foudre, traverse ce mélange d'azote et d'oxygène, instantanément ces deux gaz *se combineront* pour former un corps nouveau qui ne ressemble en rien à ceux dont il est formé : l'*acide azotique* ou nitrique.

Cette union des deux gaz de l'air sous l'influence de l'électricité est, au point de vue de l'alimentation des végétaux, un phénomène des plus importants. Nous y reviendrons plus tard.

Un gaz ou un corps gazeux, ou une vapeur, est une substance qui ne peut être saisie avec la main et que l'œil ne peut voir, mais dont les effets sont palpables et visibles.

Que l'air, par exemple, soit violemment agité, ses effets très souvent désastreux seront visibles, sans que l'air lui-même ait cessé d'être invisible.

L'air renferme toujours de l'eau qu'il prend aux rivières, aux lacs, aux mers. Il en absorbe, en pompe, une quantité d'autant plus grande qu'il est plus chaud.

Cette eau y est à l'état de vapeur, c'est-à-dire qu'elle y est invisible, mais que la température, par une cause quelconque, vienne à s'abaisser, à se refroidir, cette vapeur se condensera et se transformera en brouillards, en pluie, en grêle, toutes choses palpables et visibles.

Une autre substance est mélangée avec l'air, c'est le gaz que produit le bois ou le charbon quand il brûle ; de là son

---

(1) Que l'on remplisse une bouteille d'eau bouillie dont tout l'air a été chassé par l'ébullition, que l'on la vide à moitié, qu'on la bouche et qu'on l'agite fortement, l'air qui est dans la bouteille se dissoudra dans l'eau ; mais l'eau aura dissous plus d'oxygène que d'azote. Preuve que l'air est un mélange.

nom de *gaz du charbon,* ou de *gaz acide carbonique* ou d'*acide carbonique.* (1)

Ce gaz est également invisible, même lorsqu'il est dans l'air à des doses très élevées, mais ses effets ne le sont pas. Impropre à la respiration, il tue promptement par asphyxie l'homme et tous les animaux.

Il s'oppose également à toute combustion, et c'est sur cette propriété que repose l'action des *extincteurs,* appareils qui dégagent à un moment voulu une grande quantité d'acide carbonique, et qui sont employés avec le plus grand succès pour combattre tout commencement d'incendie.

C'est également en se basant sur cette propriété d'éteindre tout corps en combustion que l'on recommande de ne jamais pénétrer, sans avoir à la main une chandelle allumée, dans une cave où se trouve du moût en fermentation, dans des puits, dans des cavernes, depuis longtemps fermés, et où le gaz pourrait s'être accumulé.

Si la flamme s'éteint ou seulement pâlit et se raccourcit, c'est la preuve que l'acide carbonique s'y trouve en assez grande quantité pour tuer par asphyxie. Il faut alors le chasser ou le détruire en établissant un fort courant d'air, ou en recourant à des substances qui l'absorbent, telles que l'eau de chaux ou l'alcali volatil.

C'est encore au gaz acide carbonique que les vins de Champagne, les limonades, les eaux gazeuses, la bière doivent la propriété de mousser, ce gaz dissous dans ces liquides se dégageant en grande partie dès que le bouchon qui le comprime est enlevé.

Cet acide se dissout, en effet, dans l'eau et ce n'est qu'à cet état de solution qu'il est absorbé par les racines des végétaux.

(1) L'acide carbonique est formé par l'union, la combinaison de l'oxygène avec le charbon appelé en chimie *carbone.*

Enfin l'air contient toujours une très petite quantité de *carbonate d'ammoniaque*, substance volatile et très fertilisante, contenant de l'azote et qui se dégage principalement des substances animales en décomposition.

La première preuve en a été donnée par M. de Saussure qui exposa à l'air des cristaux *d'alun pur* et les trouva plus tard transformés en cristaux *d'alun ammoniacal*. Remarquable observation que dans ces dernières années de nombreuses analyses de l'air ont confirmée (1).

Quant à l'air pur, c'est-à-dire à l'air privé de *vapeur d'eau*, *d'acide carbonique* et de *carbonate d'ammoniaque*, il se compose de deux gaz, (dont l'un, comme nous l'avons dit, se nomme *oxygène* et l'autre *azote*), et cela dans les doses en chiffres ronds de 80 azote pour 20 d'oxygène.

Cette disproportion entre l'oxygène et l'azote est digne de notre attention, elle l'est d'autant plus que ce dernier gaz est impropre à la vie des végétaux comme à celle des animaux, ce qu'indique du reste son nom, le mot *azote* signifiant : *sans vie, qui prive de vie.*

N'était-ce point là une indication que l'oxygène est une substance des plus actives, trop active même, et qu'il devait. pour ne pas nous être nuisible par excès de puissance, être mélangé en doses déterminées par le Créateur avec un autre gaz pour ainsi dire inerte et destiné à en atténuer, ou à en modifier les fâcheux effets ?

C'est ce que la science a confirmé. Elle a montré que c'était une illusion que de croire qu'une plus grande dose d'oxygène dans l'air eût donné, avec leur organisation actuelle, aux plantes un plus grand développement, et aux diverses

(1) THÉODORE DE SAUSSURE. *Recherches chimiques sur la végétation.*

fonctions de l'homme et des animaux une vitalité plus énergique (1).

C'est ce qui ressort de nombreuses expériences faites avec
ce gaz pur et sans mélange, dont l'emploi a passé dans la
pratique de la médecine. Respiré par le moyen d'un inhala-
teur, il est à l'essai pour la guérison de quelques maladies et
réussit très bien dans les cas d'asphyxie provenant d'un air
trop raréfié, ou vicié par le gaz de l'éclairage, par celui des
fosses d'aisance, et celui des vapeurs de charbon.

(1) Voici les effets censés produits par la respiration de l'air contenant
une plus grande quantité d'oxygène, tels que les décrit M. Jules Verne
dans son ouvrage intitulé : *La fantaisie du docteur Ox*. Ce docteur,
chargé par une petite ville des Flandres d'y introduire le gaz de l'éclairage, fut pris du caprice d'étudier quelles seraient les conséquences d'un
excès d'oxygène que respireraient ses habitants. Après donc que la pose
des tuyaux fut terminée, M. le docteur Ox profita d'un bal donné chez un
banquier pour faire ses expériences et envoyer son oxygène.

« Ces réunions paisibles, dit *l'auteur*, n'avaient jamais amené d'éclat
« fâcheux. Pourquoi donc, ce soir-là, les sirops semblèrent-ils se transformer
« en sirops capiteux, en champagne pétillant, en punchs incendiaires?
« Pourquoi au milieu de la fête, une sorte d'ivresse inexplicable gagna-t-elle
« tous les invités? Pourquoi le menuet dériva-t-il en saltarelle? Pourquoi
« les bougies brillèrent-elles d'un éclat inaccoutumé. Peu à peu l'animation
« du bal s'augmentait. Les pieds s'agitaient avec une frénésie constante.
« Les figures s'empourpraient comme des faces de Silènes. Les yeux bril-
« laient comme des escarboucles. Et quand l'orchestre entonna la valse du
« *Freyschütz!* lorsque cette valse si allemande et d'un mouvement si lent,
« fut attaquée à bras déchaînés par les musiciens, ah ! ce ne fut plus une
« valse, ce fut un tourbillon insensé, une rotation vertigineuse. Puis un
« galop, un galop infernal, pendant une heure, sans qu'on pût le détourner,
« sans qu'on pût le suspendre, entraîna dans ses replis, à travers les salles,
« les salons, les antichambres, par les escaliers, de la cave au grenier de
« l'opulente demeure, les jeunes gens, les jeunes filles, les pères, les
« mères, les individus de tout poids, de tout âge, de tout sexe, etc. »

Si l'on excepte ces quelques cas médicaux où les poisons peuvent devenir des remèdes, l'oxygène pur tue tous les animaux comme tous les végétaux, et s'oppose à la germination de ces derniers.

Mais si trop d'oxygène tue, trop peu laisse mourir par asphyxie. C'est ce qui arriverait (et est déjà arrivé) à des personnes qui s'élèveraient (en ballon par exemple), à une hauteur telle, que l'air qu'elles respireraient ne contînt plus, vu sa raréfaction, assez d'oxygène.

Ce ne sont donc pas les propriétés de l'oxygène pur que nous allons passer en revue, mais celles de l'oxygène, sagement affaibli par son mélange avec quatre parties d'azote et approprié à nos organes et à ceux des végétaux.

Vu leur importance, ces propriétés doivent être connues de tous les agriculteurs.

III

Oxygène.

Tout être vivant meurt s'il est privé de ce gaz. Aucun germe, aucune graine, ne se développe s'il manque d'oxygène. Une semence mise trop profondément en terre ne lève pas, mais elle se développera, si plus tard, même après bien des années, elle vient à être ramenée près de la surface du sol et soumise à l'influence de l'air (1).

(1) Une graine peut être conservée longtemps sans altération dans un terrain sec. De là l'utilité de faire passer le rouleau sur une terre ensemencée. En durcissant la couche superficielle du sol, on conserve l'humidité intérieure favorable au développement de la graine.

Les grands travaux occasionnés par la construction des chemins de fer, confirment chaque jour la vérité de cette observation.

Dans ces terrains si profondément remués, dans ces remblais, on voit souvent pousser des plantes qui depuis longtemps avaient disparu de la localité, ou de la contrée, et dont les graines trop profondément enterrées, et, hors de l'action de l'oxygène, n'avaient pu germer.

Une semence, comme l'a le premier démontré M. Th. de Saussure, germe dans l'eau ordinaire qui contient de l'air, et, par conséquent de l'oxygène. Elle ne germe pas dans celle dont l'ébullition a chassé l'air, et y meurt comme le poisson meurt dans l'eau privée d'oxygène, dans l'eau bouillie.

Ce gaz est également nécessaire à l'éclosion des œufs. Aussi pour conserver ceux des oiseaux de basse-cour, emploie-t-on de nombreuses méthodes, qui, toutes ont le même but : celui de les soustraire le plus possible à l'oxygène de l'air.

L'oxygène est aussi nécessaire aux racines.

Celles qui ne sont pas suffisamment aérées, prennent peu de développement, et la plante qu'elles doivent nourrir en prend elle-même fort peu. C'est ce qui a lieu pour les végétaux dont les racines sont placées en terre à une trop grande profondeur, ou sont mises dans un terrain qui, comme quelques espèces d'argile, est peu pénétrable par l'air.

Il faut alors pour en donner aux racines, recourir à la *plantation en butte*. Pour cela on place les racines des plantes, et, surtout celles des arbustes, immédiatement sur le tapis végétal du sol, on les entoure d'un petit monticule de terre substantielle, de terreau, que l'on recouvre par des plaques de gazon retournées, et que l'on solidifie par l'addition d'un peu de terre qui achève la butte (1).

Ce sont en effet les racines superficielles et horizontales qui jouent le plus grand rôle dans la nutrition des végétaux, et c'est sur cette observation qu'est fondé un procédé plus spécialement employé pour la vigne, et pour les arbres fruitiers.

Il consiste à transformer les racines pivotantes, et qui s'enfoncent verticalement dans le sol, en racines horizontales. Pour cela on retire de terre, après la première année, le végétal qu'on a obtenu par semis, et l'on coupe au milieu de sa longueur, la racine pivotante. Celle-ci ne tarde pas à émettre des racines horizontales.

On répète la même opération l'année suivante, puis on met la plante ainsi traitée à sa place définitive.

Grâce à la transformation de la racine pivotante en racines horizontales, et, plus rapprochées de la surface de la terre, le végétal ne tarde pas à prendre un grand développement et à se mettre à fruit, à un âge où la même plante laissée à racine pivotante n'aurait donné aucun produit.

C'est encore sur cette observation que repose le conseil de M. Guyot. Ce célèbre viticulteur recommande de n'enfoncer les boutures de vigne qu'à peu de profondeur. La vigne « dit-« il, se stérilise, à proportion de la profondeur de la culture « qu'on lui impose. Plus une bouture est placée profondément, « plus la récolte se fait attendre. A $0^m,15$, elle produit la « deuxième année ; à $0^m,30$ et $0^m,40$, elle ne produit que la « troisième année ; à $0^m,50$ et $0^m,60$, à la quatrième année ; « à $0^m,70$ et $0^m,80$ à la cinquième seulement. »

(1) *Journal d'agriculture pratique* du 3 novembre 1884.

L'art de planter les arbres, par M. le baron de Manteuffel. Librairie Rothschild, rue des Saints-Pères, Paris.

Sans la présence de l'air, aucune décomposition, aucune fermentation n'a lieu et, c'est sur ce fait qu'est fondée une industrie qui prend chaque jour plus d'extension : l'*industrie des conserves, soit de viandes, soit de fruits, soit de légumes.*

Il suffit, en effet pour conserver une substance quelconque, de la priver d'oxygène, en l'enfermant dans des vases de fer-blanc, ou de verre, en les plongeant ensuite dans l'eau bouillante, qui en chasse l'air, puis en les fermant immédiatement par une soudure, ou par du caoutchouc.

C'est également à la privation de l'oxygène de l'air que l'on a recours pour conserver le marc de raisins destiné à faire de l'eau-de-vie, et pour la conservation sous le nom d'*ensilage,* des fourrages et des fruits de la terre.

Mais l'action la plus importante que l'oxygène exerce, est celle par laquelle il se combine avec *le charbon, et avec les matières végétales (dont la composition peut être représentée par de l'eau et du charbon) pour former de l'acide carbonique.*

Cette union, cette combinaison se fait de différentes manières.

1° Elle a lieu, avec une *chaleur intense, et par conséquent avec lumière* dans la combustion du bois, et du charbon, telle qu'elle s'opère dans nos foyers.

2° Elle a lieu, avec une *chaleur modérée et par conséquent sans lumière,* dans la respiration de l'homme, et, des animaux, respiration qui donne naissance à une véritable combustion.

L'oxygène de l'air qui pénètre à chaque aspiration dans leurs poumons, y rencontre le *sang veineux ou noir,* se combine avec l'excès de charbon qu'il contient, le *brûle,* c'est-à-dire le transforme en acide carbonique qui est rejeté par l'expiration. Le sang débarassé de son excès de carbone, devient alors *rouge vermeil.* C'est le sang artériel.

3° Enfin, elle s'opère avec un *développement de chaleur*

encore moins appréciable dans les combinaisons que l'oxygène forme avec le carbone des matières végétales : bois, feuilles, paille, graines, etc.

Si cependant ces matières végétales, ces graines, étaient réunies en une certaine quantité, si elles étaient humides, les petites doses, de chaleur produites par la combinaison de l'oxygène avec le charbon, pourraient, additionnées, constituer une haute température, comme cela arrive quelquefois dans les fermes avec le foin, et dans les brasseries, avec la germination de l'orge destinée à produire le malt pour la bière.

Le résultat définitif de cette union de l'oxygène avec les matières carbonées, est la transformation, ou la décomposition de la matière attaquée, et la création d'acide carbonique.

Ce gaz qui se dégage ainsi de toutes parts, de la combustion du bois et du charbon, de la respiration des animaux, et de la décomposition des végétaux, puis qui se mêle avec l'air, devait nécessairement finir par le vicier, et le rendre dangereux à respirer.

Il fallait donc qu'à ces causes nombreuses qui créent du gaz acide carbonique aux dépens de l'oxygène de l'air, fût opposée une cause de destruction de ce même gaz.

Or ce sont les végétaux que le Créateur a chargés de ce rôle.

Leurs feuilles par leur matière verte (chlorophylle), et sous l'influence de la lumière du soleil, absorbent, puis décomposent ce gaz carbonique, s'emparent de son charbon qu'elles emmagasinent, et dont elles se nourrissent, et mettent en liberté l'oxygène qui, rendu à l'air, en rétablit la composition normale (1).

---

(1) C'est à un naturaliste genevois, M. *Bonnet*, qu'est due cette découverte, 1749. Plus tard, en 1771, un chimiste anglais, M. Priestley, continua

C'est ainsi que la houille que nous consommons en si grande quantité, n'est que le produit de la décomposition de l'acide carbonique qu'ont absorbé, il y a des siècles, ces innombrables végétaux qui couvraient alors certaines parties de notre globe.

Ils ont emmagasiné le charbon et rejeté l'oxygène dans l'air.

Le charbon de bois que nous brûlons aujourd'hui provient de la décomposition de l'acide carbonique contenu dans l'air, et l'acide carbonique qu'il produit en brûlant sera peut-être demain décomposé par quelque végétal d'un pays lointain.

Cette fonction des feuilles : *d'aspirer par leurs pores l'acide carbonique, de le décomposer, puis de retenir comme aliment le charbon, prouve clairement qu'elles sont les poumons et l'estomac des végétaux.*

Il est vrai qu'ils se nourrissent aussi par leurs racines, mais dans l'acte de la nutrition, ce sont les feuilles qui jouent le principal rôle.

C'est ce qu'a démontré M. Th. de Saussure. Il constata qu'un tournesol parvenu à toute sa croissance, n'avait pris au sol par ses racines que vingt parties de charbon, et, que les quatre-vingts autres avaient été prises à l'acide carbonique de l'air.

---

les expériences de M. Bonnet, et constata que l'air vicié par la respiration des animaux était rétabli sain et salutaire par le dégagement d'oxygène que produisent les feuilles. Restait à démontrer d'où venait cet oxygène et à prouver qu'il ne vient pas des plantes elles-mêmes, mais de la décomposition de l'acide carbonique de l'air avec lequel elles sont en contact, qu'elles gardent le carbone et laissent échapper l'oxygène qui se répand dans l'atmosphère. C'est ce que fit M. *Senebier*, aussi de Genève.

Les expériences constatant la décomposition de l'acide carbonique par les feuilles ont été, et sont chaque année, répétées dans les cours publics de la chimie appliquée à l'agriculture.

D'autres expériences plus récentes ont confirmé ce fait : que l'acide carbonique qui se trouve dissous dans le sol, que celui qui provient de la décomposition des engrais et que les racines absorbent, sont absolument insuffisants pour l'entretien des plantes. Il faut de plus qu'elles s'emparent de celui qui est dans l'air (1).

De ce qui précède, on peut conclure qu'il faut agir avec prudence et discernement dans toutes les opérations, qui ont pour but d'ôter des feuilles à un végétal. C'est ce que l'on ne fait pas toujours.

Bien des cultivateurs, en effet, pensent qu'en ôtant les feuilles, ils forcent la sève à se porter sur les fruits ; oui, cela peut avoir lieu pour la sève déjà formée, mais cette sève employée, il s'en formera beaucoup moins de nouvelle, car sa formation est en proportion du nombre des feuilles, que l'on a nommées avec raison *appelle-sève*, *forme-sève*.

Puis les sucs ascendants qui partent des racines ne contiennent relativement que peu de sels, et peu de gaz en solution, c'est surtout dans les feuilles et par le travail qui s'y opère qu'ils se modifient, s'enrichissent, se complètent et se changent en sucs nourriciers, qui constituent la sève descendante, qui est celle qui alimente le végétal tout entier, tiges, fruits, racines.

De très nombreuses expériences ont démontré que tel est bien le rôle des feuilles.

M. de Gasparin, dans son *Cours d'agriculture*, cite les essais que fit M. Leclerc sur l'effeuillage de sa vigne qu'il effectua à trois époques différentes.

Il fit le premier effeuillage au moment où les raisins com-

____

(1) M. Cailletet. *Comptes rendus de l'Académie des sciences de Paris*, T. LXXIII.

mençaient à se former. Cet effeuillage donna naissance à beaucoup de faux bourgeons, et à leur développement, mais ne fit rien quant aux grappes.

Le second fait à l'époque où les extrémités des sarments ralentissaient leur marche, arrêta le développement de ces mêmes grappes, et cela d'une manière d'autant plus marquée qu'on avait laissé moins de nœuds au-dessus des raisins.

Enfin plus tard, en septembre, quand il semblait que l'exposition des grappes au soleil, devait être avantageuse à leur maturité, le pincement eut pour effet de nuire au développement de ces mêmes grappes, et quoique celles-ci fussent plus colorées, de diminuer leur quantité de sucre.

M. le professeur Macagno, dans un travail sur les fonctions des feuilles de la vigne, a constaté que ce sont dans les feuilles que se forment, et la crème de tartre, et le sucre, et plus particulièrement dans les feuilles les plus élevées des branches à fruit.

Ce sucre ainsi formé passe dans les tiges, puis dans les fruits, et sa production dans les feuilles progresse avec la quantité de sucre que contient la grappe de raisin, diminue, et cesse avec sa maturité.

Voici une de ses expériences.

Un kilog. de raisins provenant de *ceps pincés* a donné 581 gr. de moût, 140 gr. de sucre, 27 milligr. acide tartrique et crème de tartre.

Un kilog. de raisins provenant de *ceps non pincés* a donné 620 gr. moût, 175 gr. sucre, 26 milligr. acide tartrique et crème de tartre.

Le pincement a donc fait diminuer, et la quantité de moût, et celle du sucre qu'il contient (1).

(1) Macagno. *Comptes rendus de l'Académie des sciences de Paris.* T. LXXXV. p. 763.

Des expériences du même genre ont été faites sur les feuilles de vigne par *M. Petit*, et elles ont donné les mêmes résultats.

M. Matthieu de Dombasle, pour procurer de la nourriture à son bétail, fit effeuiller une partie de ses betteraves, mais cette suppression des feuilles quoique modérée, diminua le poids du sucre de cette racine.

MM. Corenwinder et Contamine ont également constaté que les feuilles de betterave forment le sucre de cette plante, et qu'en les ôtant l'on diminue le sucre qui doit s'accumuler dans les racines, le sucre formé étant en relations avec la quantité et la grandeur des feuilles (1).

Des pommes de terre dont on avait supprimé une partie des feuilles pour les brûler et faire de la potasse, contenaient moins d'amidon que celles que l'on avait laissées intactes.

Des observations de la même nature ont été faites par *M. Dehérain* et par *M. Boussingault*. Voici les conclusions de ce dernier.

« En envisageant la vie végétale dans son ensemble, on
« voit que ce sont les feuilles qui élaborent l'amidon et le
« sucre aux dépens de l'acide carbonique, et de l'eau qu'elles
« absorbent. Ces matières sont ensuite réparties dans les
« différentes parties de la plante.

« Dans le maïs, dans le froment, l'accumulation des prin-
« cipes sucrés a lieu dans la tige jusqu'à l'époque de la florai-
« son ; et tout ce qui a été accumulé disparaît pour la forma-
« tion de la graine.

« Dans la betterave, le réceptacle est la racine charnue.
« Mais quand il n'y a ni tige, ni racines, où se dépose la

(1) MM. CORENWINDER et CONTAMINE. *Comptes rendus de l'Académie des sciences de Paris*. T. LXXXVII, p. 221.

« matière sucrée élaborée par les feuilles ? Dans les feuilles
« elles-mêmes qui prennent alors une extension considérable.

« L'agave américana en est un exemple frappant. Les
« feuilles de ce végétal partent toutes du collet de la racine,
« elles atteignent jusqu'à deux mètres de longueur, vingt
« centimètres de largeur, et un décimètre d'épaisseur au
« point d'attache. Pendant quinze à vingt ans, ces feuilles
« élaborent et accumulent du sucre, jusqu'au moment où la
« hampe, qui peut s'élever jusqu'à cinq ou six mètres et qui
« doit porter fleurs et fruits commence à pousser. En coupant
« cette hampe, et en empêchant la reproduction de la graine,
« l'Indien se procure la sève sucrée qui lui sert à faire une
« boisson enivrante.

« Un agave rend en quatre mois environ cent kilogrammes
« de sucre que ses feuilles ont préparé et conservé pendant
« tant d'années (1). »

Sans donc tomber dans l'extrême contraire, et proscrire
tous les pincements, il faut en être sobre, les faire avec
réflexion et intelligence, sans jamais oublier que c'est par les
feuilles que les plantes respirent, et que c'est aussi en très
grande partie par elles, qu'elles se nourrissent, et que se
forment les différents produits particuliers aux diverses
espèces de végétaux.

IV

Fumier de ferme.

Les conditions générales nécessaires à la vie des végétaux
étant connues, nous pouvons parler des engrais proprement

(1) M. Boussingault. *Mémoire sur les fonctions des feuilles.* Comptes
rendus, *ut supra*. T. LXI, p. 664.

dits, c'est-à-dire des substances qui, enfouies dans le sol, puis dissoutes dans l'eau et absorbées par les racines, servent de nourriture aux plantes.

L'engrais le plus usité, le plus important, celui dont tant d'années ont consacré l'efficacité est le fumier de ferme.

On désigne sous ce nom l'engrais formé par la paille et par diverses substances végétales employées comme litière pour les animaux, et imprégnées de leurs excréments et de leurs urines.

Ce mélange mis en tas et abandonné à lui même ne tarde pas à fermenter. Les matières animales, vu l'azote qu'elles contiennent, se décomposent les premières et donnent principalement naissance à un corps azoté : *l'ammoniaque*, dont l'odeur piquante est bien connue, et qui est aussi appelé alcali volatil, vu sa propriété de s'évaporer promptement et de se perdre dans l'air.

Les matières végétales, que l'on peut regarder comme formées d'eau et de charbon, entrent ensuite en décomposition, par l'élévation de température que développe la fermentation des matières animales, elles perdent de l'eau qui s'évapore, deviennent ainsi plus riches en charbon, et se changent peu à peu en une matière noirâtre, d'une composition très complexe, appelée *terreau* (en latin *humus*).

Si on laisse le fumier se *faire*, se *consommer*, ce terreau, sous l'influence de l'ammoniaque, change de nature, devient acide, et forme avec cet ammoniaque une combinaison aussi très complexe qu'on a appelée *humate d'ammoniaque*. Cette nouvelle combinaison est soluble dans l'eau, comme la plupart des humates provenant de l'union de l'acide humique avec la *potasse* et la *chaux*.

La matière noire qui constitue dans le fumier fait ce qu'on appelle : le *beurre noir*, les eaux qui découlent des tas :

le *purin*, doivent leur couleur brun foncé, à cet humate d'ammoniaque, combinaison d'ammoniaque, et de charbon rendu soluble.

Cet humate d'ammoniaque dissous dans l'eau contient toujours, d'après M. Th. de Saussure, des matières minérales, c'est-à-dire, des sels de potasse, des sels de phosphore, de chaux, de fer, etc., d'où il ressort que le purin, ou l'eau qui a dissous du beurre noir, renferme une *matière azotée:* l'ammoniaque, une *matière végétale:* le charbon devenu soluble, et enfin les *matières minérales désignées ci-dessus:* substances, toutes des plus fertilisantes, et qui donnent l'explication de la grande valeur du purin.

Cette observation de l'illustre savant genevois a été confirmée par de nombreux et récents travaux et en particulier par ceux de M. Rissler (1) et par ceux du directeur en France de la station agronomique de l'Est, M. Grandeau, qui a constaté:

1° Que la fertilité d'un sol est liée à la quantité d'aliments minéraux (potasse, chaux, phosphate, silice) que renferme l'humate d'ammoniaque, c'est-à-dire la matière végétale carbonée combinée à l'ammoniaque.

2° Que les matières végétales et carbonées ainsi rendues solubles sont dans la nature le véhicule, le mode de trans-

(1) D'après M. **Risler**, directeur de l'Institut agronomique, l'acide humique exerce une action particulière sur la silice, l'oxyde de fer, le phosphate et le sulfate de chaux et les rend solubles. En mélangeant de l'acide humique avec du plâtre, on rend non seulement le plâtre plus soluble dans l'eau, mais on rend aussi l'acide plus soluble. La chaux, la potasse, provoquent également la transformation de l'acide humique peu soluble, en acide humique plus soluble, puis sa combinaison avec ces substances et la formation d'humates solubles. (Archives de la Bibliothèque universelle de Genève, 1858.)

port, des aliments minéraux qu'elles extraient de la terre pour les présenter aux végétaux comme nourriture absorbable.

3° Que les sols fertiles offrent les éléments nutritifs aux végétaux sous la forme où nous les offre le fumier de ferme et surtout le purin (1).

Dans le fumier *qui n'est pas fait, qui n'est pas consommé*, dans le fumier *pailleux*, les matières végétales qui n'ont pas été attaquées et modifiées par l'ammoniaque passent, mises en terre, à l'état de terreau.

L'étude de cette substance, dont nous indiquerons bientôt les remarquables propriétés, nous permettra alors de déterminer le rôle que joue le fumier de ferme, qui sur 100 kil. contient :

    80 k.,000 à 76 k.,650 eau,
    13 k.,300 à 14 k.,000 matières végétales,
    0 k.,490 à 0 k.,650 potasse,
    0 k.,400 à 0 k.,600 azote,
    0 k.,180 à 0 k.,300 phosphore,
    0 k.,560 à 0 k.,900 chaux,
    6 k.,570 à 6 k.,000 matières minérales qui se trouvent

dans tous les terrains en quantité suffisante pour que l'on n'ait point à s'en préoccuper et à les ajouter dans les engrais que l'on donne au sol.

Comme on le voit par ces chiffres, le fumier n'a pas toujours la même composition, ce résultat pouvait être prévu et bien des causes l'expliquent. Nous ne signalerons que les deux principales, qui sont : l'espèce d'animaux que le propriétaire possède et le genre de nourriture qu'il leur donne. Le

<hr>

(1) M. GRANDEAU. *Recherches sur les matières végétales au point de vue de la nutrition des plantes.* Comptes rendus de l'Académie des sciences de Paris. T. LXXIV, p. 988.

cheval, par exemple, d'après M. Boussingault, produit un
fumier qui renferme en *azote*, en *potasse*, en *phosphore* et en
chaux une dose double de celle que contient le fumier de vache.

Quant à l'influence de la nourriture, elle est aussi très
grande. C'est ainsi que les matières fécales qui proviennent
d'une caserne, où la quantité de viande qu'un homme con-
somme chaque jour est réglementée, sont beaucoup moins
riches en potasse et surtout en azote et en phosphore, que
celles qui proviennent d'un riche hôtel, l'alimentation étant
bien différente dans ces deux espèces d'établissements.

En général, la valeur d'un fumier s'estime d'après sa
richesse en azote, aussi cette substance est-elle souvent
désignée sous le nom de *principe ou élément du fumier*, et un
terrain pauvre est celui qui contient peu d'azote.

C'est ce que n'admettait pas le célèbre chimiste Liebig.
Selon lui, ce ne seraient que les matières minérales, la *potasse*,
le *phosphore* et la *chaux* qui seraient importantes dans le
fumier de ferme. Ce n'est pas qu'il ne reconnaisse, tout le
premier, les qualités fertilisantes de l'azote, mais en donner
à la terre c'est, dit-il, chose superflue, ce corps se trouvant
en assez grande quantité dans l'air pour nourrir les végétaux,
et la terre cultivée contenant toujours des doses considérables
de matières azotées.

Pour combattre cette opinion erronée, et pour démontrer
combien il est nécessaire d'ajouter de l'azote aux matières qui
doivent servir d'engrais, et l'utilité de l'azote dans le fumier
de ferme (malgré celui que contiennent l'air et la terre) de
nombreuses expériences furent faites pendant de nombreuses
années, par MM. Lawes et Gilbert. Nous en parlerons plus
tard. Pour le moment nous ne citerons que celle de M. Boussingault, *qui voulut consulter l'opinion des plantes sur l'utilité
de l'azote dans le fumier.*

Ne pouvant les faire voter, il fit pour connaître leur opinion l'essai suivant :

Il sema de l'avoine dans un are de terrain pauvre, et il y enfouit 500 kilogrammes de fumier. A la récolte un grain d'avoine en rapporta 14.

Puis après avoir brûlé 500 kilogrammes de ce même fumier, et après en avoir recueilli les cendres qui renferment toutes les substances minérales qu'il contient, il les mit comme engrais dans un are de ce même terrain pauvre, et y sema la même quantité d'avoine. A la récolte un grain n'en donna que 4.

Cette expérience est des plus concluantes. Elle prouve que les cendres du fumier qui ne contiennent point d'azote puisqu'il s'est dissipé à l'état de gaz pendant la combustion, ne peuvent remplacer le fumier, qui lui a conservé tout son azote.

Quant au rôle que le chimiste allemand assigne aux substances minérales : *potasse*, *phosphore* et *chaux*, il fut aussi l'objet de nombreux travaux qui tous confirmèrent leur importance. Ce fut ainsi que cet illustre savant, même en s'étant trompé sur la question de l'azote, contribua à la création de l'industrie des engrais chimiques qui consiste dans la préparation et dans le mélange de substances et plus particulièrement de sels contenant de la potasse, du phosphore et de la chaux, auxquels on eut, bien entendu, grand soin d'ajouter des sels d'azote.

Destinés dès le principe à remplacer le fumier de ferme, ces engrais sont aujourd'hui plus généralement employés à compléter son action.

Les substances qui les composent, réunies toutes les quatre, mais chacune d'elles pouvant varier dans ses doses, constituent ce que M. G. Ville appelle *l'engrais complet*, et ce n'est que sous cette condition d'engrais complet que l'on peut juger de l'efficacité de l'azote, de la potasse, du phosphore et de la chaux qui le composent.

Ce propagateur des engrais chimiques ou minéraux recommande l'engrais complet, soit l'emploi des quatre substances réunies, en se basant sur de nombreuses expériences qui lui ont toutes démontré que si deux de ces substances réunies ont pour effet utile de donner un produit évalué à six ou à huit, elles peuvent, mélangées toutes les quatre, en donner un s'élevant jusqu'à trente ou quarante.

Mais comment convaincre les agriculteurs de l'efficacité et de la puissance fertilisante de ces quatre corps?

Le moyen est des plus simples et à la portée de tous.

Ils n'ont qu'à mettre une ou plusieurs plantes dans des vases ou dans des caisses remplis non avec du terreau ou de la terre, mais avec de la brique pilée qui ne contient aucune substance qui puisse servir d'aliments aux végétaux.

Puis ensuite à arroser ces plantes avec des sels de potasse, de phosphore, d'azote et de chaux dissous et à la faible dose d'un gramme du mélange dans un litre d'eau (un kilog.).

Après quelques arrosages, ils ne tarderont pas à voir que ces plantes l'emportent de beaucoup sur celles de la même espèce, mises dans des vases pleins de terre ou même de terreau, mais qui n'auront pas été arrosées avec de l'eau contenant les quatre substances désignées.

C'est à ce mélange qu'a eu recours un des premiers, M. le Dr Jeannel.

Voici comment ce professeur s'exprime dans une conférence publique tenue à Paris.

« Je mets sous vos yeux, dit-il à ses auditeurs, les expé-

« riences faites il y a deux mois, dans une serre du jardin
« d'acclimatation, et dans mon appartement.

« J'ai pris deux échantillons de chacune des plantes que je
« vous montre. L'un a été mis dans un vase plein de terreau,
« l'autre dans un vase rempli de sable, mais arrosé avec le
« mélange des quatre substances préalablement dissoutes
« dans l'eau.

« Vous pouvez juger des heureux résultats que l'on obtient
a avec cette composition, par les *bégonias*, les *maïs*, les
« *avoines*, la *sauge cardinale*, le *pelargonium zonale*, le *tra-*
« *dascantia virginica* que je mets sous vos yeux.

« Les *maïs* plantés dans du sable, et arrosés avec cet
« engrais chimique, sont énormes; ils sont au moins trois fois
« plus développés, que ceux qui ont végété dans la terre.

« Le *pelargonium zonale* traité de la même manière, est au
« moins deux fois plus beau, et mieux fleuri, que celui qui
« est dans le terreau.

« Toutes les autres plantes, par la beauté de leur feuillage
« d'un vert sombre, par l'éclat de leurs fleurs, démontrent
« la supériorité de culture que donne cet engrais chimique.

« Le sol arrosé avec cet engrais ne s'épuise jamais. On lui
« rend ce que la plante lui prend, de sorte qu'on ne saurait
« prévoir à quelles dimensions parviendraient les plantes
« ainsi cultivées, même dans des vases très petits.

« Voici un lierre qui, mis dans un vase plein de terre,
« l'avait complètement épuisée, il était à moitié sec. Arrosé
« avec la solution des quatre corps de l'engrais chimique, il
« n'a pas tardé à se développer, et à lancer cinq à six pousses
« très feuillées, et de plus d'un mètre de longueur.

« Enfin, voici toute une série d'*arums*, de *pétunias*, de *véro-*
« *niques*, de *fuchsias*, qui n'ont pas été rempotés.

« Toutes ces plantes sont plus belles, plus développées que

« celles de la même espèce, qui ont été cultivées dans le
« terreau, et arrosées avec de l'eau ordinaire. »

Telles sont les expériences que peut faire toute personne
qui douterait de l'efficacité de ces quatre substances comme
engrais.

Elle peut en faire une plus simple encore. Qu'elle remplace
la brique pilée par de la mousse, qu'elle arrache délicatement
une plante pour ne pas déchirer ses racines, qu'elle les lave à
grande eau pour les dépouiller de toute leur terre, puis qu'elle
place cette plante dans un vase, en ayant soin que ses racines
soient bien étalées et pressées par la mousse, enfin qu'elle
arrose cette mousse avec une solution de cet engrais au mil-
lième et cela tous les cinq à dix jours, de manière à ce
qu'elle reste toujours humide, et elle verra la plante se développer, fleurir et porter des graines.

« L'expérimentateur sera alors probablement très étonné,
« et très surpris de voir une plante parcourir toutes les
« phases de sa vie végétale, germer et mûrir, quand ses
« racines croissent dans du sable calciné contenant à la place
« de terre et de débris végétaux, des sels d'une grande
« pureté, et qu'au moyen de ces sels, substances minérales,
« cette plante augmente progressivement en croissance et en
« poids (1). »

V

Ces remarquables résultats soulèvent une grave question
qui est celle-ci :

(1) M. Boussingault. *Comptes rendus de l'Académie des sciences de
Paris.* T. XLIV, p. 953.

Ces quatre substances, l'azote, la potasse, le phosphore et la chaux, ces quatre agents de la fertilité, comme on les appelle souvent, remplissent-ils identiquement le même rôle que le fumier de ferme ? Jouissent-ils des mêmes propriétés ?

Répondre affirmativement, ce serait prétendre que les substances végétales qui entrent dans le fumier de ferme en dose moyenne de 14 % ne servent à rien, et que les petites quantités d'azote, de phosphore, et de potasse, qu'il contient (1 $\frac{1}{2}$ kil. à 2 $\frac{1}{2}$ sur 100 kil.) jouent seules un rôle actif dans la fertilisation du sol.

C'est ce qu'admet M. G. Ville, qui, regardant les matières végétales comme inutiles, estime que les engrais chimiques sont supérieurs au fumier de ferme.

« On a prétendu, dit-il, jusqu'à ces dernières années, que le
« fumier était le meilleur agent de la fertilité, nous soutenons
« qu'en cela on a eu tort, il est possible aujourd'hui de com-
« poser des engrais chimiques artificiels, qui lui sont supé-
« rieurs, et, qui sont plus économiques. Grâces à eux, le
« précepte : faites de la prairie pour avoir du bétail, et du
« bétail pour avoir du fumier, n'est plus à suivre, car le
« fumier rend moins, et coûte plus cher que les engrais
« chimiques. »

Or, cette opinion de M. G. Ville est erronée, car les matières végétales, paille, feuilles, herbes, etc., loin d'être inutiles, remplissent dans la fertilisation du sol une fonction capitale et toute particulière.

C'est ainsi que dans le fumier consommé et à l'état de beurre noir, ces matières végétales changées en humates, probablement absorbables par les racines, tiennent en dissolution non seulement des substances minérales qu'elles ont rendues solubles, mais jouissent encore de la propriété de dissoudre celles qu'elles rencontrent dans la terre.

Les matières végétales qui, dans le fumier pailleux, n'ont pas été décomposées et dissoutes par l'ammoniaque, ne tardent pas, mises en terre et sous l'influence de la chaleur et de l'humidité, à se modifier à leur tour.

Formées d'eau et de carbone, elles perdent insensiblement, comme nous l'avons déjà dit, une partie de leur eau, augmentant ainsi leur poids en carbone et finissent par se changer en terreau.

Le terreau que l'on prépare dans les fermes, celui que l'on prend dans les forêts, dans les bruyères, lessivé avec de l'eau, donne, par l'évaporation de cette eau, un résidu, un extrait, plus ou moins considérable, contenant des sels d'azote, des sels de phosphore, des sels de potasse et de chaux, substances qui, comme nous l'avons également fait remarquer, sont les éléments constitutifs des engrais chimiques.

Ainsi à ce seul point de vue, les matières végétales complétement transformées en beurre noir, ou simplement changées en terreau, exercent une action fertilisante (1).

Mais là ne s'arrêtent pas les propriétés des matières végétales. Le terreau qui en résulte s'imbibe d'eau comme une éponge et la conserve avec beaucoup de force, ce qui est très favorable aux racines des végétaux (2).

(1) M. Théodore de Saussure. *Recherches chimiques sur la végétation.*

(2) Résumé des essais faits sur la quantité d'eau que prennent différentes terres :

100 parties de sable siliceux	ont absorbé	25 parties d'eau
— — — calcaire	—	29 —
— — de terre argileuse	—	70 —
— — — arable	—	52 —
— — — de jardin	—	89 —
— — — de terreau	—	190 —

Il retient également, comme dans ses mailles, un grand nombre de sels minéraux, phosphates, sels de potasse, d'ammoniaque, etc. Ainsi emmagasinés, ces sels servent de réserve, et ne sont cédés aux plantes que peu à peu.

Cette absorption est un phénomène très remarquable. Que l'on verse, par exemple sur du terreau, soit du purin, soit de l'eau brune, provenant du fumier à l'état de *beurre noir*, on verra que le liquide qui le traverse en ressort incolore, dépourvu d'odeur et de la plupart de ses principes fertilisants.

Cette propriété absorbante donne l'explication de ce fait souvent observé : que les engrais chimiques exercent une action beaucoup plus grande sur les terres riches en terreau, que sur celles qui en contiennent peu. Dans ce dernier cas, les sels solubles de ces engrais descendent dans le sous-sol, et ne profitent pas aux racines, tandis que dans le premier, ils sont absorbés par le terreau, et ne sont très probablement cédés aux plantes que selon leurs besoins.

Quoique à un degré beaucoup moindre que le terreau, la terre en général, et surtout celle qui contient de l'argile ou de la marne, jouit de cette même propriété, propriété admirable, sans laquelle les principes nutritifs qui lui sont donnés comme engrais, la traverseraient comme à travers un filtre pour aller se perdre dans les profondeurs du sol. Il en résulterait que l'appauvrissement de la terre serait la conséquence des irrigations et des pluies.

Une application en grand de cette propriété a été faite dans la plaine de Genevilliers près de Paris. Deux des principaux égouts de cette ville se rendent sur les terrains de cette localité, les arrosent, les fertilisent, et leur font produire de magnifiques récoltes.

L'eau souillée d'immondices qui a enrichi ce sol en ressort limpide, sans odeur et pour ainsi dire potable (1).

C'est encore en se basant sur cette propriété que dans beaucoup de contrées, les agriculteurs stratifient le fumier avec de la terre, et forment des lits successifs de l'un et de l'autre. Les effets de ce mélange comme engrais sont absolument les mêmes que ceux que produit le fumier de ferme, sous la condition que l'on arrose de temps en temps les tas avec de l'eau, ou ce qui est mieux encore, avec du purin ou de l'urine.

Le terreau jouit encore de deux autres propriétés qui lui sont particulières. Etant très riche en charbon (carbone) il est attaqué par l'oxygène de l'air qui le change en acide carbonique que l'eau dissout.

Plus la terre est travaillée, c'est-à-dire, plus l'air peut y pénétrer, plus la formation de ce gaz est considérable, mais il ne faut pas l'oublier, plus la quantité de terreau diminue par sa transformation en acide carbonique. C'est là un fait qui ne souffre aucune exception et les cultivateurs qui ont voulu remplacer les engrais par des labours trop fréquents en ont fait la triste expérience. Leurs champs ont perdu en fertilité par la destruction du terreau (2).

C'est sous l'influence de cette combinaison de l'oxygène avec le charbon des végétaux, que selon les expériences de

(1) M. Payen. *Précis de chimie industrielle.* T. I, p. 94.

(2) M. Boussingault. *Documents relatifs au mémoire sur la terre végétale considérée, dans ses effets sur la végétation.* Comptes rendus de l'Académie des sciences de Paris. T. XLVIII. — M. Benedict de Saussure. *Voyage dans les Alpes en 1796.* T. V, p. 206.

M. Dehérain, les deux gaz de l'air *l'oxygène et l'azote*, s'u-
nissent pour former de l'acide azotique (ou nitrique) (1).

Ainsi s'explique cette observation qu'avait faite au commencement de ce siècle M. Théodore de Saussure : que *le
terreau doit créer aux dépens de l'air une substance azotée
puisqu'il contient plus d'azote que n'en contiennent les végétaux dont il provient.*

M. Truchot qui a repris le travail de M. Dehérain est arrivé
à cette conclusion : que la quantité d'acide azotique qui se
forme dans un terrain est proportionnelle à la quantité de
terreau qu'il renferme (2).

Selon M. Millon, cet acide azotique ne se forme qu'à la
condition que le terreau contienne soit des substances potassiques, soit de la chaux, substances, nous l'avons vu, qu'il
renferme toujours en plus ou moins grande quantité (3).

Enfin, selon M. Bertholot les deux gaz de l'air se combine-
raient sous l'influence de l'air électrisé *(l'ozone)* (4).

Mais si on se rappelle que sous l'action énergique de la
foudre, les deux gaz de l'air se combinent pour former de
l'acide azotique (nitrique), que cette même combinaison s'opère
lorsqu'on fait passer une étincelle électrique à travers l'air
contenu dans un fort tube de verre, si enfin on tient compte
de ce fait : que toute combinaison chimique est accompagnée
d'électricité, on peut conclure que c'est sous l'influence électrique résultant de la combinaison de l'oxygène avec le char-

(1) M. Dehérain. Professeur de chimie à l'Ecole d'agriculture de
Grignon. (Comptes rendus, *ut supra*. T. LXXIII, p. 1352.)

(2) M. Truchot. *Comptes rendus*. T. LXXXI, p. 945.

(3) M. Millon. *Théorie chimique de la nitrification*. (Comptes
rendus, *ut supra*. T. LI, p. 548).

(4) M. Bertholot. *Comptes rendus*, T. LXXXV, p. 173.

bon, que les deux gaz de l'air, l'oxygène et l'azote, primitive-
ment à l'état de simple mélange, s'unissent pour former de
l'acide azotique (nitrique), substance comme nous le verrons,
des plus fertilisantes (1).

Si maintenant nous revenons à cet acide carbonique que
crée le terreau, nous voyons qu'une partie de cet acide
dissous dans l'eau est absorbée par les racines des végétaux
et sert de nourriture à la plante, l'autre partie réagit sur les
corps insolubles de la terre, se combine avec eux, et les
change en substances solubles, qui peuvent alors pénétrer
dans l'intérieur des plantes et les alimenter.

La terre, en effet, il ne faut pas l'oublier est un mélange
de nombreuses substances qui varient en qualités et en quantités suivant les terrains. Tantôt la chaux y domine, tantôt
l'argile, tantôt le sable, mais quelle que soit la nature de ces
différentes terres, elles *ne fondent pas dans l'eau*, ne s'y
dissolvent pas, ce qui devait être pour la conservation du sol.

Or, parmi ces substances insolubles se trouvent celles qui
font partie des engrais chimiques. Comment donc peuvent-
elles pénétrer dans les végétaux ?

Elles y pénètrent, comme nous venons de le dire, grâce à
l'action que le terreau exerce sur elles. C'est le terreau qui
les rend solubles par l'acide carbonique qu'il dégage en quantités notables, car tandis que l'air libre que nous respirons ne
contient en acide carbonique que la petite quantité de

---

(1) D'après MM. *Schlœsing* et *Muntz*, la nitrification serait l'œuvre d'a-
nimalcules infiniment petits travaillant dans les terres arables contenant des
matières végétales et des substances potassiques et calcaires (*Comptes rendus*. T. LXXXIX. p. 891.) M. Warington, dans un travail récent, a répété
les expériences de MM. Schlœsing et Muntz et a constaté que pour la formation de ce ferment vivant, l'acide phosphorique était nécessaire (*Annales
agronomiques*, par M. Dehérain, du 25 février 1885).

$^4/_{10,000}$, l'air que renferme dans ses interstices la terre d'un champ bien fumé, contient jusqu'à 10 % de ce même acide carbonique.

C'est ce gaz qui rend solubles, les phosphates insolubles que la terre renferme.

Sa puissance dissolvante a été établie par de très nombreux travaux. M. Boussingault, cet agronome, ce savant si distin-gué, que nous sommes appelés à citer si souvent, ayant mis du phosphate de chaux dans un sol privé de terreau trouva qu'il avait été inefficace. Mêlé à de la sciure de bois qui, chan-gée en terreau, dégagea de l'acide carbonique, ce phosphate devint soluble et fertilisa la terre.

M. G. Ville fit une expérience du même genre. Il prit deux plantes de la même espèce et les plaça dans deux vases pleins d'un sable privé par la calcination de toute matière végétale. Dans les deux vases il ajouta la même dose de phosphate de chaux, mais ne mit du terreau que dans un seul. Or ce ne fut que la plante de ce dernier vase qui, à l'analyse, donna du phosphate de chaux. Il avait été rendu soluble par l'acide carbonique qui s'était formé par le terreau.

Mais c'est à M. Dumas que l'on doit l'expérience la plus simple et la plus concluante. Il plongea dans une bouteille d'eau gazée par l'acide carbonique, dans de *l'eau de seltz*, des lames d'ivoire et des os de peu d'épaisseur, et le phosphate de chaux qui en constitue la solidité ne tarda pas à se dissoudre et à ne laisser que la gélatine qui forme le réseau des os (1).

Enfin, comme conclusion de très nombreuses expériences qui ont été faites sur les phosphates, il résulte : Qu'ils se dissolvent (indépendamment de leur cohésion et de la dureté

---

(1) M. Dumas, secrétaire perpétuel de l'Institut. ***Discours de rentrée de l'Académie des sciences de Paris***, 1846.

des corps dont ils proviennent) d'autant plus vite et d'autant plus complètement que le sol qui les reçoit est plus riche en terreau (1).

L'acide carbonique transforme également le carbonate de chaux insoluble, la pierre à chaux, en un sel de chaux soluble : le *bicarbonate de chaux*.

Le tuf et les concrétions mamelonnées blanches ou jaunâtres que l'on remarque dans un grand nombre de murs de soutènement, proviennent de pierres à chaux dissoutes en terre par de l'eau contenant de l'acide carbonique. Cette eau chargée de chaux s'infiltre entre les pierres, traverse les murs, puis exposée à l'air, perd son acide carbonique qui se volatilise et laisse déposer la chaux redevenue carbonate de chaux insoluble.

Sur le sulfate de chaux, le plâtre, dont une partie se dissout dans quatre cent dix parties d'eau, c'est par son charbon qu'agit le terreau. Ce charbon qui, pour passer à l'état d'acide carbonique, a besoin d'oxygène, le prend au sulfate de chaux et le transforme en sulfure de calcium (foie de soufre).

C'est à cette transformation, à ce foie de soufre formé, qu'est due l'odeur d'œufs pourris que répandent les eaux de puits contenant du plâtre et qui, mal entretenus, renferment des débris, des résidus de matières végétales.

C'est encore à cette même cause que certaines eaux sulfureuses, celles d'Enghien, près de Paris, doivent leur sulfuration et leurs propriétés.

---

(1) Chez l'homme et chez les animaux les phosphates nécessaires à leur organisation sont également rendus solubles par un acide. Mais dans les végétaux, c'est l'acide carbonique qui fait cette fonction ; chez les animaux, c'est un autre acide, l'acide du lait, l'acide lactique qui la remplit.

Le terreau décompose aussi les azotates (nitrates).

M. Pelouze a constaté que l'eau des ruisseaux, que l'eau des drains contient du nitre, mais que l'on n'en trouve plus dans cette même eau dès qu'elle est devenue croupissante en formant un étang. Les végétaux qui y croissent, et qui, par leurs détritus, forment du terreau, décomposent les sels d'azote, les azotates (nitrates) et l'azote libre se disperse dans l'air à l'état de gaz.

Cette décomposition des nitrates par le terreau a été confirmée par les travaux de M. Boussingault, par ceux de M. Jeannel et enfin par les expériences de MM. Schlœsing et Muntz, qui ont démontré que, dans les nitrières artificielles et dans les fumiers, c'étaient principalement les moisissures qui décomposaient les nitrates.

M. le professeur Bineau a également vu disparaître sous l'influence des mousses et des cryptogames, les nitrates que l'eau tenait en dissolution.

De l'ensemble des propriétés particulières aux matières végétales, on peut conclure que les engrais chimiques ne peuvent pas remplacer complètement le fumier de ferme.

Aussi une terre n'est réellement fertile qu'autant qu'elle contient une dose suffisante de terreau, c'est-à-dire de matières végétales en décomposition.

C'est ce qui n'avait point échappé, déjà dans le siècle passé, à M. Bénédict de Saussure, et à M. de Humboldt. Ils expliquaient ainsi le peu de fertilité de la terre provenant d'un minage profond, fertilité qu'il était facile de lui donner en la mêlant avec des matières végétales.

« Une terre fertile, et cela ressort de mes recherches, dit « M. Boussingault, qu'elle soit prise sur les bords du Rhin,

« comme dans la vallée des Amazones, dans les sols sura-
« bondamment fumés des cultures européennes, comme dans
« les atterrissements déposés par les grands fleuves des forêts
« impénétrables de l'Amérique, peut toujours être représentée
« par du terreau disséminé en quantité plus ou moins grande
« dans un fond, un sol argileux, calcaire ou siliceux.

« Ce terreau contient toujours les mêmes principes fertili-
« sateurs que la terre, mais à des doses plus élevées (1). »

Dans son ouvrage sur l'*Economie rurale*, ce célèbre chimiste et agronome pose également comme principe : « Que la
« terre ne donne des récoltes lucratives qu'autant qu'elle
« renferme une quantité suffisante de matières organiques
« dans un état plus ou moins avancé de décomposition (2). »

« Il est des sols favorisés, dit-il, dans lesquels cette ma-
« tière, connue sous le nom d'humus ou de terreau, existe
« naturellement. Il en est d'autres, et c'est le plus grand
« nombre qui en sont privés, ou n'en contiennent qu'une
« quantité insuffisante.

« Ces sols exigent pour devenir fertiles, l'intervention du
« terreau que créent soit les matières végétales, soit le
« fumier de ferme. Rien ne saurait y suppléer, ni le travail
« qui les ameublit, ni le climat qui aide si puissamment à
« leur fécondité, ni les sels minéraux ou les alcalis (la
« potasse), qui sont de si utiles auxiliaires à leur végétation.

« Ce n'est pas, ajoute-t-il, qu'une terre privée de terreau
« ne puisse permettre à une plante de naître, et de se déve-
« lopper, mais dans une semblable condition, la végétation

(1) M. Boussingault. *Constitution du terreau comparée à celle de
la terre végétale.* (Comptes rendus de l'Académie des sciences. T. XLVIII,
p. 931.)

(2) M. Boussingault. *Economie rurale.* T. II, p. 1-2.

« est lente, quelquefois imparfaite, et l'industrie agricole ne
« saurait s'exercer dans un sol qui se rapprocherait à ce
« degré de la stérilité absolue. »

Ce n'est donc point sans raison que la plupart des agriculteurs attachent une grande importance au terreau, et il n'est
plus possible de dire aujourd'hui: que les *matières végétales ne
sont qu'un élément mécanique qui a l'heureux privilège de servir d'explication, à tout ce que l'on ne comprend pas.*

L'action qu'exerce le terreau étant bien déterminée, il est
possible de tracer en quelques lignes et d'une manière géné-
rale le rôle du fumier de ferme.

Et d'abord il agit en divisant les sols compacts, les argiles,
et en permettant à l'air d'y pénétrer, et aux racines de
s'étendre. Il accumule de la chaleur dans la terre, chaleur
favorable à la végétation.

Puis il apporte la petite quantité de composés solubles en
azote, en phosphore, en potasse, et en chaux qu'il contient
(1 à 2 kilogrammes sur 100 kilogrammes de fumier).

Ces substances exercent une action immédiate sur les
racines des plantes.

Vient ensuite le tour des matières végétales qui forment
comme nous l'avons vu, l'eau déduite, la plus grande partie
du fumier, car elles s'élèvent jusqu'à 14 % de son poids
total.

Si ces substances végétales ont subi l'influence de l'ammoniaque provenant de la fermentation des matières animales,
et qu'elles se soient transformées en *beurre noir*, elles appor-
tent à la terre sous la forme de fumates ou d'humates d'ammoniaque, des composés de carbone et d'ammoniaque, corps
solubles des plus fertilisants par eux mêmes, et par la pro-

priété dont ils jouissent de dissoudre des substances minérales insolubles.

Dans le cas où ces matières végétales n'ont pas été transformées, comme dans le fumier pailleux, elles n'exercent leur action que d'une manière lente, et seulement à mesure qu'elles se changent en terreau.

Cette décomposition demande d'autant plus de temps pour se faire, que la terre est plus sèche, et, que l'air est plus froid ; elle est d'autant plus rapide que le terrain est plus humide et l'atmosphère plus chaude.

Le terreau une fois formé absorbe l'humidité de l'air, et la retient, il retient de même et emmagasine, pour les livrer peu à peu aux végétaux, les diverses substances solubles que l'agriculteur donne à ses terres, et qui risqueraient d'être entraînées dans le sous-sol par les pluies et perdues en grande partie du moins pour la végétation.

Attaqué par l'oxygène de l'air, il devient une source d'où se dégage, d'une manière plus ou moins active, de l'acide carbonique.

Probablement sous l'influence de l'électricité qui se forme pendant cette combinaison de l'oxygène et du carbone, les deux gaz de l'air, l'oxygène et l'azote, se réunissent, se combinent pour faire de l'acide azotique.

Les fumates, les humates d'ammoniaque, provenant soit du fumier à l'état de beurre noir, soit du purin, sont également en dernier résultat attaqués par l'oxygène, et transformés en azotates.

Quant à l'acide carbonique produit, une partie dissoute dans l'eau est absorbée par la racine et sert d'aliment à la plante, l'autre réagit, comme nous l'avons longuement expliqué, sur les composés insolubles de la terre, et les rend solubles.

Aussi, indépendamment des produits fertilisateurs qu'apporte au sol le fumier de ferme plus ou moins consommé, il crée, mis en terre, de l'engrais chimique, et cela sous l'influence de l'oxygène de l'air, de la chaleur et de l'humidité. En d'autres termes il transforme les substances du sol, inutiles à la végétation vu leur insolubilité, en substances solubles qui se fondent dans l'eau, et qui sont *assimilables*.

Ce mot assimilable demande à être bien compris.

Une substance donnée à un animal quelconque, comme nourriture, ne peut lui servir d'aliment, n'est *assimilable*, que si, introduite dans son estomac, elle s'y décompose, s'y modifie, de manière à se transformer en chair, sang, os, ou à fournir les éléments de ces corps. Chez l'animal l'aliment peut être solide.

Chez les végétaux, l'aliment doit être liquide ou soluble dans l'eau. C'est là une condition de rigueur pour qu'il puisse pénétrer dans la plante par le moyen de ses racines.

La substance alimentaire doit de plus arriver dans le végétal déjà modifiée, ou pouvant s'y modifier de telle sorte qu'elle lui fournisse les éléments de sa sève, de ses feuilles, ou de ses fruits.

Il ne s'agit donc pas de donner aux plantes comme aliments, comme engrais, des substances qui, lors même qu'elles se dissoudraient dans l'eau, ont leurs parties, leurs éléments trop fortement liés entr'eux pour se disjoindre, se désassocier, se décomposer.

De pareilles substances pourraient être des plus nuisibles. Introduites en solution dans le végétal, parvenues dans les feuilles et l'eau qui leur a servi de véhicule s'étant évaporée, elles s'y accumuleraient et boucheraient les pores par lesquels les plantes respirent et remplissent leurs fonctions.

Cette accumulation de corps solides serait d'autant plus prompte que les plantes auraient des feuilles plus grandes et présenteraient une surface d'évaporation plus large.

Il est donc nécessaire, vu le grand rôle que joue l'assimilation dans la nourriture des végétaux, qu'une fabrique indique dans son prix-courant non seulement la contenance de ses engrais en phosphore, potasse et azote, il faut de plus qu'elle indique avec quelles substances ces quatre corps, ces quatre agents de la fertilité sont unis.

Leur action, en effet, serait nulle, si les sels ou les matières qui les renferment restaient toujours insolubles, ou si étant solubles ils étaient indécomposables.

De pareilles substances ne doivent jamais entrer dans la composition des engrais chimiques, car, malgré leur bas prix, elles sont encore trop chères du moment qu'elles ne donnent pas une augmentation dans le produit des récoltes.

VI

Utilité des engrais chimiques.

De ce que le sol renferme quelquefois, en doses supérieures aux besoins des récoltes, des matières azotées, des phosphates, des composés de potasse plus ou moins insolubles dans l'eau, mais que le fumier peut rendre solubles ; de ce que le fumier, en un mot, crée de l'engrais chimique, doit-on en conclure que la quantité de cet engrais ainsi formé est suffisante, et qu'il est superflu d'acheter et de donner à la terre de ce même engrais préparé artificiellement ?

Non, l'emploi de cet engrais est loin d'être inutile. Il est au contraire très souvent nécessaire d'y recourir, si l'on veut qu'un terrain ne s'épuise pas peu à peu, et ne vienne à manquer des substances fertilisantes.

Il est vrai que le fumier de ferme rend au sol la plus grande partie des substances que les récoltes lui ont prises, mais cette restitution n'est jamais complète.

Certaines cultures tendent à sortir du sol, toujours les mêmes corps et à fortes doses.

Les céréales, par exemple, qui se vendent hors de la ferme contiennent beaucoup de phosphore qui ne retourne pas à la terre.

Il est de même du lait, de la laine, des peaux, etc., qui emportent également au dehors une grande quantité de phosphore.

Puis, comme l'exportation ne porte pas également sur toutes les substances du sol, il en résulte que les éléments de fertilité qu'il contient se modifient dans leurs rapports ; aussi a-t-on souvent remarqué, que des cultures qui ont été pendant longtemps la richesse d'un pays ou d'un agriculteur, finissent par ne plus réussir dans les mêmes terrains.

Il faut donc, dès que la terre perd plus d'une substance fertilisante qu'elle n'en reçoit, rétablir l'équilibre en y ajoutant l'élément de l'engrais qui, dans le cas particulier, fait défaut.

Enfin dans telles ou telles cultures, telles ou telles substances doivent prédominer (1).

---

(1) M. G. Ville avait admis que chacune des quatre substances qui composent l'engrais chimique remplissait tantôt l'une, tantôt l'autre, un rôle prédominant selon la plante cultivée. Il appelait cette substance *la dominante.*

Mais la pratique ainsi que les analyses des végétaux ont démontré que la

La vigne, par exemple, demande plus de potasse et de phosphore que le fumier ne peut lui en donner, si toutefois on l'emploie dans les doses voulues pour ne pas développer du bois aux dépens de la fructification.

Le blé demande plus de phosphore que le fumier n'en contient, quand on le donne aux doses normales. Si, pour fournir la quantité de phosphore nécessaire, on augmente celle du fumier, on fournit alors au blé trop d'azote, et on court le risque de le développer trop en tiges et feuilles, et de le faire verser.

Dans ces deux cas (et des cas semblables se présentent souvent), il faut recourir aux engrais chimiques. Ils permettent de compléter l'action du fumier de ferme, et de la proportionner aux exigences de telle ou telle culture.

Il y a des terres noires, celles qui proviennent d'anciens marais, par exemple, qui sont très riches en terreau azoté, mais ce terreau devenu acide forme une combinaison insoluble qui est difficilement attaquée par l'oxygène de l'air. Or sous l'influence de l'engrais chimique, ou sous celle de la chaux employée seule, ce terreau insoluble se modifie, se décompose et donne naissance à de l'acide carbonique et à des produits azotés, à des nitrates, substances qui renferment au plus haut degré l'azote assimilable.

Les composés du phosphore (les phosphates) et ceux de la potasse, peuvent de même se trouver dans la terre dans un état inerte, ou dans un état d'aggrégation, de cohésion qui les

---

vigne a besoin de potasse et de phosphore. Elle aurait donc deux *dominantes*.

D'autres plantes sont dans le même cas, et le sarrasin en aurait trois.

La multiplicité des dominantes enlève donc une partie de sa valeur au principe même sur lequel elles reposent, cependant dans sa généralité ce principe est vrai et son application utile.

rende bien moins assimilables que ne le sont les substances qui les représentent dans les engrais chimiques.

C'est encore à ce genre d'engrais qu'il faut recourir, quand il s'agit d'une terre épuisée, où les composés d'azote, de phosphore, de potasse et de chaux font défaut, ou sont en trop petite quantité.

Le fumier qu'on enfouirait dans un pareil terrain n'agirait (à moins qu'il ne fût mis à une dose très forte) que par la petite portion d'engrais chimique qu'il contient, et non par son terreau. Celui-ci en effet ne pourrait rendre solubles des corps qui n'existent pas dans la terre.

Si au contraire c'est le terreau qui fait défaut et qu'il faille reconstituer le sol par l'apport de fumier de ferme, ou de matières végétales, c'est encore l'engrais chimique qu'il faut employer, si on veut obtenir de fortes récoltes dans l'année courante, la transformation du fumier en terreau exigeant quelquefois beaucoup de temps pour s'opérer.

Enfin, ces quatre substances qui composent l'engrais chimique peuvent être utilisées selon la volonté et suivant l'intelligence du cultivateur, du moment qu'il connaît bien leurs propriétés. Il peut les employer soit seules, soit mélangées avec du fumier ou avec des composts qu'il ne doit pas négliger de préparer pour ses terres.

Ces composts, faits avec tous les résidus des travaux de la ferme, sont en effet chaudement recommandés par M. Boussingault : (1) « Pendant vingt-cinq ans, dit-il, j'ai critiqué ces « composts que l'on faisait dans la ferme que je dirigeais, et « où entraient les balayures, la boue des chemins, les mau- « vaises herbes, les feuilles mortes, les issues de boucherie,

(1) M. Boussingault. *Comptes rendus de l'Académie des sciences de Paris*. T. XLVIII.

« les cendres de houille, celles de bois, etc., etc., réunies en
« tas et arrosées avec du purin et à la rigueur avec de l'eau
« seulement, mais pendant vingt-cinq ans j'ai laissé faire,
« d'abord parce que les résultats étaient des plus satisfai-
« sants, puis parce que je pensais que sous un point essen-
« tiellement pratique, l'*opinion des paysans valait mieux que*
« *celle d'un académicien.*

« Mais plus tard, l'importance des nitrates, leur mode de
« formation étant connus, il m'a été démontré que ces com-
« posts étaient de véritables nitrières artificielles. — De là
« leur activité (1). »

C'est même lorsque les engrais chimiques sont mélangés
avec du fumier, des composts, ou avec des matières végétales
qui se changeront en terreau, qu'ils atteignent leur maximum
d'efficacité. Aussi la meilleure manière de féconder une terre
est de lui donner du fumier de ferme et de l'engrais chimique.

(1) Parmi ces composts il en est un qui a joui et qui jouit encore d'une
très-grande réputation, qui est des plus faciles à préparer, et qui ne
coûte presque rien. C'est l'engrais artificiel de *Jauffret.* Ce cultivateur
provençal le composait de tout ce qu'il trouvait dans son voisinage, de
paille, de fougères, de roseaux, de genets, en un mot de tous les débris
végétaux qu'il pouvait se procurer. Il déterminait dans ces matières une
fermentation très-rapide et très-énergique. Pour cela il les tassait après les
avoir mis en morceaux assez petits, et les arrosait pour les entretenir humides, seulement avec de l'eau d'une mare voisine (que l'on pourrait facilement remplacer par des tonneaux de pétrole défoncés) qu'il faisait croupir
en y jetant des matières fécales ou de l'urine, de la boue, du plâtre, des
cendres et du salpêtre (nitrate de potasse). C'est avec cette espèce de lessive
qu'il arrosait ses tas, et une fermentation très-prompte, dont la température s'élevait jusqu'à 75°, ne tardait pas à s'établir. Par cette méthode il
obtenait un compost qui, au bout de quinze jours, était changé en terreau
et d'un emploi immédiat.

On réduit alors la moitié de la dose de chacun des deux engrais.

C'est ce que résume en quelques lignes M. Boussingault dans ses *Documents relatifs à la terre végétale considérée dans ses effets sur la végétation.*

Les agronomes, dit-il, ont raison d'apprécier l'importance du terreau dans le sol, importance qu'a signalée M. Th. de Saussure.

Le célèbre chimiste Liebig a bien fait de faire ressortir l'influence des substances chimiques et minérales sur la végétation.

MM. Boussingault et Payen ont été fondés à dire que la valeur d'un engrais s'accroît avec sa richesse en matières azotées.

Mais celui-là a bien plus raison encore, qui proclame que l'engrais par excellence est celui qui contient à la fois :

> Le terreau,
> Les matières minérales,
> Les substances azotées.

Mais, pour que l'agriculteur puisse mettre à profit le résultat des observations, et des travaux de ce savant agronome, et employer l'engrais par excellence sans courir de nombreuses chances de désappointement, il ne lui suffit pas de connaître les propriétés du terreau et de ses modifications, il doit de plus connaître celles des différentes matières azotées, et celles des divers sels de potasse, de phosphore et de chaux, qui entrent soit dans le fumier de ferme, soit dans les engrais chimiques.

C'est l'étude de ces propriétés que nous allons aborder dans les pages suivantes.

VII

Azote

Nous commencerons cette étude par celle de l'azote.

De même que l'eau se présente à nous à l'état de vapeur, à l'état liquide, et à l'état solide (glace, neige), de même l'azote se présente à nous sous trois formes.

Dans l'air, il est à l'état de gaz, et non combiné ; dans le sang, dans les urines, dans le suc des végétaux, il est à l'état de combinaison liquide, et à l'état de combinaison solide dans la chair, dans les os des animaux, dans les graines des végétaux, etc., etc.

Dans les pages précédentes, nous avons vu que ce gaz, dont le mot signifie : *qui prive de vie*, a reçu ce nom, parce qu'il ne peut entretenir l'existence, étant impropre à la respiration.

Nous avons vu qu'il constitue à peu près les quatre cinquièmes de l'air, cet oxygène en formant la cinquième partie, et que cette forte dose d'azote est nécessaire pour atténuer l'énergie excessive de l'oxygène et pour modifier l'action trop vive qu'il exercerait sur nos organes.

Mais ce n'est probablement pas le seul rôle que l'azote soit appelé à remplir, il doit en avoir d'autres, si l'on tient compte des considérations suivantes :

1° Qu'il se trouve dans tous les organes des animaux et des végétaux.

2° Que la faculté nutritive des aliments est proportionnelle à la quantité d'azote qu'ils renferment.

Le gaz azote que nous respirons avec l'air, celui que renferment nos aliments, doit donc nous être nécessaire, puisque une partie se combine avec nos organes, et s'y assimile.

Quant à celle qui ne leur sert pas ou qui est en excès, elle est rejetée du corps de l'homme et des animaux, sous forme d'urine et de matières excrémentielles.

Ce sont ces matières, qui, comme nous l'avons déjà fait remarquer, absorbées par des substances végétales, paille, herbes, feuilles, etc., constituent le fumier de ferme et lui donnent sa principale valeur.

De là il résulte que très souvent on désigne l'azote comme étant l'élément constitutif, le principe important du fumier.

C'est de l'urine que l'on retire une grande partie de l'azote que l'on emploie dans les engrais chimiques, sous la forme d'un sel appelé *sulfate d'ammoniaque*.

Pour l'obtenir, il suffit de conserver de l'urine pendant quelques jours jusqu'à ce qu'elle se décompose et répande cette odeur piquante et désagréable que tout le monde connaît (1).

Cette odeur, qui se fait aussi sentir dans les écuries mal tenues, est due à un composé d'azote qui est très volatil : *l'ammoniaque ou l'alcali volatil*.

Si, à cette urine en décomposition on ajoute de l'acide sulfurique, et qu'on évapore convenablement le liquide, on obtient un sel qui est le *sulfate d'ammoniaque*.

L'urine simplement étendue de trois ou quatre parties d'eau, le purin traité de la même manière, constituent un excellent engrais, mais qui a le grave inconvénient de laisser son azote se perdre dans l'air à l'état d'ammoniaque volatile.

---

(1) L'urine, conservée et mélangée avec les matières excrémentielles solides, constitue l'engrais flamand

« Cette ammoniaque entraînée dans l'atmosphère retombe
« dissoute avec la pluie, et retombe à tout hasard, sans
« distinction de localités, où le vent la pousse, de telle sorte
« que, revenant sans cesse de la terre à l'air, de l'air à la
« terre, l'urine qui se décompose à Paris ou à Genève, peut
« nous revenir un jour de la Chine sous forme de thé.

« L'agriculteur doit donc fixer cette ammoniaque par tous
« les moyens possibles. S'il la laisse se dissiper, elle est
« tout aussi utile à son voisin, qu'elle l'eût été à lui-même,
« mais en la recueillant avec soin, il n'aura pour lui aucune
« de ces pertes qui, dans les exploitations agricoles, exigent
« souvent des réparations coûteuses (1).

C'est pour s'opposer à cette perte qu'il est bon de verser
dans les fosses à urine et à purin, une petite quantité d'acide
sulfurique, puis de bien agiter le mélange. Il se forme alors
du sulfate d'ammoniaque qui reste dissous dans le liquide et
qui ne s'évapore pas, ce sel étant fixe.

Le sulfate de chaux (plâtre), le sulfate de fer (vitriol vert),
mis en petite dose dans l'urine ou dans le purin, ont également la propriété de fixer l'ammoniaque volatile qu'il contient.

Le sulfate d'ammoniaque extrait des urines et que l'on
trouve dans le commerce en cristaux gris et fins comme des
aiguilles, renferme en moyenne 20 % d'azote.

Il en résulte que, pour chaque kilogramme d'azote que l'on
veut employer comme engrais, il faut prendre cinq kilos
de sulfate d'ammoniaque.

Comme on le voit, cette préparation du sulfate d'ammo-

____

(1) *Statique chimique*, par J.-B. Dumas, secrétaire perpétuel de
l'Académie des sciences. *Chimie de Dumas*. VIIIe vol., p. 426.

niaque est des plus faciles. Elle pourrait être faite en petit
par les régents des écoles de campagne et chaque enfant,
après avoir apporté son tribut d'urine, et contribué pour sa
part à la création de ce sel azoté, n'oublierait jamais ce qu'est
le sulfate d'ammoniaque, et quel agent de fertilité il représente.

Mais l'homme et les animaux ne sont pas les seuls qui
prennent de l'azote à l'air et qui se l'assimilent.

Les végétaux en font autant et absorbent des quantités
plus ou moins considérables de ce gaz.

Parmi les végétaux, se trouve au premier rang la famille
des légumineuses.

Un champ qui a porté du trèfle, de la luzerne, ou de l'es-
parcette, contient plus d'azote qu'il n'en renfermait aupa-
ravant, et la quantité qu'il a acquise surpasse celle qui était
contenue dans la graine, dans le sol, et dans les engrais qu'on
y a mis. Cet excédant ne peut donc provenir que de l'azote
de l'air.

De là il résulte que les agriculteurs doivent toujours faire
succéder aux légumineuses une culture qui, comme le blé,
demande de l'azote.

Rompre un pré naturel, et surtout une prairie artificielle,
c'est fertiliser au plus haut degré la terre, en lui donnant
et de l'azote et des matières végétales, qui, changées en
terreau, rendront solubles les agents minéraux de fertilité.

« Il serait donc possible, comme l'a signalé à l'attention
« des agriculteurs M. Archinard (1), d'augmenter considéra-
« blement la fertilité d'un pays en y établissant des prairies,

---

(1) CHARLES ARCHINARD, président de la Classe d'agriculture de la Société
des Arts de Genève. *Bulletin de la Classe d'agriculture.* Deuxième série.
IXe vol., 1884. 1er trimestre.

« en les traitant par les engrais chimiques, qui dans ce cas,
« vu la permanence de la végétation, ne se perdraient pas
« dans le sous-sol; puis en les rompant et en y faisant
« succéder des céréales ou des cultures sarclées. »

M. G. Ville, dans une brochure toute récente, invite également les cultivateurs à créer des prairies artificielles, à les rompre et à y faire succéder des cultures qui demandent de l'azote, mais sur ces prairies artificielles, il ne met point d'engrais chimique azoté, l'*azote sidéral*, comme il l'appelle, c'est-à-dire l'azote qui se trouve dans l'air, et qui ne coûte rien, se fixant en doses suffisantes sur les légumineuses (1)

Du reste, comme preuves bien évidentes que les végétaux s'emparent de l'azote provenant de l'air, rappelons que de nombreux pâturages de montagnes, assez élevés et escarpés pour qu'on ne puisse y conduire des troupeaux, ni y porter des engrais, fournissent cependant une quantité notable de matières azotées aux animaux qui se nourrissent de leur herbe.

Constatons encore la présence de l'azote dans les différentes espèces de houille ou charbon de terre, produits d'immenses quantités de végétaux enfouis depuis des siècles. Or, personne n'osera prétendre qu'ils avaient été fumés, et avaient reçu de l'azote par le moyen des engrais.

Cette houille, chauffée au rouge dans des cylindres de fonte comme cela se pratique dans la fabrication du gaz de l'éclairage, donne parmi de nombreux produits, de l'eau contenant de l'azote à l'état d'ammoniaque, c'est-à-dire de l'azote combiné de la même manière qu'il l'est dans l'urine décomposée. Si, à cette eau on ajoute de l'acide sulfurique, qu'on

____

(1) M. G. VILLE. Brochure intitulée: *Le propriétaire devant sa ferme délaissée.*

évapore le liquide, on aura pour résidu un sel qui est du sulfate d'ammoniaque.

Ce sel a la même composition que celui qui provient des urines et jouit des mêmes propriétés, et en particulier de celle de rendre solubles plusieurs sels minéraux.

Si on prend du carbonate de chaux (craie), qu'on le mette dans de l'eau distillée contenant du sel ammoniaque et qu'on le laisse quelques instants, on trouvera que l'eau aura dissous de la chaux.

Un os que l'on met digérer quelques heures dans une solution de sel ammoniaque, présente le même état de mollesse que présente un os mis dans une solution d'acide carbonique.

Le sulfate de chaux est également rendu plus soluble par ces mêmes sels ammoniacaux (1).

Le sulfate d'ammoniaque est indiqué dans les prix-courants des fabriques d'engrais chimiques sous le nom d'*azote ammo-niacal*, et cela pour le distinguer d'une autre combinaison d'azote : l'*azote nitrique*, qui entre également dans ces engrais. mais dont la composition est différente.

Cet azote nitrique, nom que les fabricants donnent à l'acide nitrique ou azotique, se forme, comme nous l'avons déjà vu, non seulement instantanément et avec éclat, lorsque la foudre traverse l'air dont elle combine les deux gaz, mais encore lentement et silencieusement dans les terrains conte-nant du terreau, et cela très probablement sous l'influence de l'électricité qui se développe pendant la combinaison de

(1) M. MÈNE. *De la solubilité des carbonates, sulfates et phosphates de chaux dans les sels ammoniacaux*. (Comptes rendus de l'Académie des sciences, T. LI, p. 180.)

l'oxygène et du carbone, et leur transformation en acide carbonique.

Cette formation d'acide azotique, nous l'avons également vu, est grandement favorisée par le mélange avec le terreau, de substances calcaires, potassiques et phosphatées, les cendres par exemple.

Cet acide, à son tour, une fois formé, ne reste pas seul, il s'unit avec la chaux ou avec la potasse dans laquelle il a pour ainsi dire pris naissance, et forme soit du *nitrate de chaux*, soit du *nitrate ou azotate de potasse*, sel connu vulgairement sous les noms de *nitre* ou de *salpêtre*.

C'est le salpêtre qui, dans les maisons humides, forme ces végétations blanches qui tapissent les murs, et qui, dans les chambres basses et carrelées, couvre les briques, et leurs joints.

C'est du lavage des platras provenant des démolitions de vieilles maisons que l'on retirait, il y a quelques années encore, tout le nitre destiné à la fabrication de la poudre à canon.

Or cette combinaison des deux gaz de l'air qui forme de l'acide nitrique, puis cette union de l'acide nitrique avec la chaux et la potasse s'opère journellement dans les terrains qui contiennent du terreau et de la potasse ou de la chaux. En lavant les parties superficielles de ces terres on obtient, par l'évaporation de l'eau, un sel qui est du salpêtre.

Cette opération, suivant la température du pays, peut se répéter plusieurs fois par année.

Dans le commerce, une partie de ce sel provient de nitrières artificielles ou de nitrières naturelles. Ces dernières sont de vastes terrains couverts d'efflorescences. Elles sont nombreuses dans l'Inde, la Perse, l'Egypte, et même dans quelques cantons de l'Espagne.

L'azotate de potasse ou nitre, contient deux agents de la fertilité : l'*azote* et la *potasse*. Tous deux jouent un rôle important dans la composition des engrais chimiques. Mais comme ce sel ne renferme que 15 % d'azote, sur 45 % de potasse, nous en parlerons à l'article potasse.

Faisons cependant remarquer que, parmi les sels et les substances qui contiennent de l'azote, et à dose égale de ce corps, ce sont les nitrates qui produisent le plus d'effet. Leur assimilation est des plus promptes, et l'on voit le poids d'une plante augmenter à proportion de la quantité de nitrate qu'on lui fournit.

En voici un exemple donné par M. Boussingault.

Il prit 4 vases ne contenant au lieu de terre que du sable calciné et sema dans chacun d'eux une graine d'Helianthus. — L'expérience dura 50 jours.

		gr.		gr.
Le 1er vase reçut	0,000 nitre, la plante séchée pesa			0,507
Le 2me »	0,02	»		0,850
Le 3me »	0,03	»		1,240
Le 4me »	0,16	»		3,590 (1)

L'azote, comme élément de l'engrais chimique, jouit de propriétés qui lui sont particulières.

Il donne aux végétaux l'élan nécessaire à leur première période de croissance.

Il concourt à la formation de la matière colorante verte des feuilles (chlorophylle). Or, comme c'est elle qui a pour fonc-

---

(1) M. Boussingault. *Recherches sur l'influence que l'azote assimilable exerce sur la production des matières végétales.* (Comptes rendus de l'Académie des sciences. T. XLIV, p. 951.)

M. Dehérain, professeur de chimie à l'École d'agriculture de Grignon. (*Cours de chimie agricole,* p. 48.)

tion de décomposer l'acide carbonique contenu dans l'air, il en résulte que, plus une plante reçoit d'engrais azoté, plus ses feuilles forment de matière verte, deviennent d'un vert plus foncé, et plus elles emmagasinent du charbon, principale nourriture des végétaux.

Dans un sol pauvre en azote, les feuilles sont d'un vert jaunâtre, et la plante qui les porte est souffreteuse, et prend peu de développement.

Mais il ne suffit pas que le terrain soit naturellement riche en azote, il faut que cet azote ne soit pas à l'état de combinaison insoluble, ce qui arrive souvent. Dans ce dernier cas, la terre fût-elle par elle-même riche en potasse et en phosphates, il est nécessaire, pour que les végétaux y prennent tout leur développement, d'y ajouter un azote à l'état assimilable, c'est-à-dire un azote à l'état de nitrates, ou de sels d'ammoniaque.

Voici quelques expériences de MM. Lawes et Gilbert qui sont des plus concluantes :

En 1844. Ils cultivèrent en blé un carré de terre qui ne reçut comme engrais que de la potasse et du phosphore à l'état de phosphate de chaux.

Ce carré ne donna qu'un produit supérieur de **77** livres seulement au produit du carré qui n'avait reçu ni phosphate, ni potasse.

En 1845. Cette même parcelle reçut, outre la même quantité de phosphate et de potasse, de l'*azote sous la forme de sulfate d'ammoniaque* et son rendement devint supérieur de **2,000** livres à celui de la parcelle sans engrais.

En 1846. Le rendement des carrés sans engrais et celui des carrés n'ayant reçu que potasse et phosphates, fut à peu près le même (**2,720** livres).

Quant à celui des carrés ayant reçu phosphate, potasse et

azote sous la forme de sulfate d'ammoniaque, il fut de 4,094 livres !!!

Ces essais poursuivis pendant de longues années, pendant 20 ans, dans la ferme devenue célèbre de Rothamsted, donnèrent les mêmes résultats, et permirent de conclure avec connaissance de cause : *que la fertilité d'un sol qui a reçu de la potasse et des phosphates est proportionnelle à la quantité de sels d'azote assimilables* (nitrates et sels ammoniacaux) *que l'on y ajoute, et cela indépendamment de l'azote qu'il peut déjà contenir* (1).

L'azote employé seul est un engrais incomplet. Il imprime aux végétaux une forte croissance, et détermine par cela même un épuisement de la richesse du terrain en potasse et en phosphore, épuisement auquel on ne peut remédier que par une importation abondante de ces dernières substances.

Employé seul et à fortes doses à l'état de sel immédiatement soluble, à l'état de sulfate d'ammoniaque par exemple, il fait pousser les végétaux en herbe, feuilles, bois, et leur donne une vigueur exubérante aux dépens de leur fructification. Néanmoins ce grave inconvénient de l'azote mis en excès se fait beaucoup moins sentir lorsqu'on a recours au fumier de ferme.

Cela provient, comme nous l'avons déjà vu, de ce que le fumier ne cède son azote que peu à peu, et de ce qu'il est un engrais complet, contenant outre son azote, de la potasse, du phosphore et de la chaux.

Trop d'azote fait verser les céréales ; pousser en fanes les pommes de terre ; mal grainer le colza ; développe la vigne en

____

(1) M. Dehérain, professeur de chimie à l'École d'agriculture de Grignon. (*Cours de chimie agricole*, p. 319-320.)

bois aux dépens de la fructification, ôte à la betterave sa richesse en sucre ; fait bifurquer les carottes ; donne au lin une fibre grossière, etc., etc.

La connaissance de cette propriété est donc d'une grande importance pour le cultivateur.

Elle lui permet de redonner vie par une addition de sulfate d'ammoniaque semé à la volée et au printemps, aux blés qui ont souffert de l'hiver et qui sont jaunes et chétifs.

Le même effet se produit sur d'autres cultures, sur les pommes de terre, sur le colza dont les feuilles sont jaunâtres, sur la vigne qui a peu de bois. Mais là encore il ne faut pas dépasser la dose nécessaire, et cette dose, comment la connaître ?

C'est là une difficulté qu'il est cependant possible de tourner. Il suffit pour cela de mélanger les substances azotées avec des phosphates. Ces deux substances se complètent l'une l'autre et leur mélange donne toujours d'excellents résultats.

M. Boussingault (comme nous le verrons à l'article phosphore) va plus loin, car il admet que ces deux éléments de fertilité ne développent toute leur action que si on les associe l'un à l'autre.

M. G. Ville a également reconnu le peu d'effet que produisent les phosphates et même les sels de potasse, en l'absence d'une matière azotée assimilable.

Ce sont là de nouvelles preuves en faveur de la supériorité de l'engrais complet sur les engrais incomplets.

Enfin l'azote jouit d'une propriété qu'il faut connaître.

Il favorise et détermine la fermentation, la décomposition des corps auxquels on le mêle, ou de ceux dont il fait partie.

C'est pour cela que les matières animales qui contiennent toutes beaucoup plus d'azote que les matières végétales, se décomposent plus rapidement, et que, parmi les végétaux, ceux qui en contiennent le plus, tels que les choux, les champignons, etc., etc., se pourrissent bien plus rapidement que la paille, par exemple, qui en renferme peu.

C'est probablement en vertu de cette propriété que les bois coupés en mars ou en avril, lors de la montée de la sève ascendante, s'altèrent beaucoup plus vite que ceux abattus en novembre ou en janvier, époque où leur tissu contient beaucoup moins de sève, et par conséquent moins d'azote.

Un fumier, un compost (ruclon) arrosé avec de l'urine ou du purin, se fait très-rapidement.

Dans les terrains inertes, peu fertiles, et qui cependant contiennent, si on les analyse, tout ce qui est nécessaire à la nutrition des végétaux, l'azote est des plus utiles. Il redonne vie à ces sols.

Aussi M. G. Ville, dans l'engrais destiné aux terres épuisées et presque stériles, a-t-il eu soin de faire prédominer l'azote dont il complète l'action en le mélangeant avec les trois autres agents de la fertilité.

Le fait suivant, peu connu, se rattache à cette propriété de l'azote.

Pendant l'acte du pétrissage du pain, la chaleur et la fatigue que ce travail occasionne chez l'homme, donnent lieu à une forte transpiration qui se mêle à la pâte.

Dans un grand nombre de boulangeries, ce n'est pas seulement la transpiration, matière azotée qui s'introduit dans le mélange; il peut y avoir *d'autres liquides* également très azotés.

C'est en partie pour éviter cette malencontreuse manœuvre et ses conséquences, qu'ont été créés les pétrins à la mécanique, dans lesquels l'homme et ses produits animaux n'interviennent plus.

Or, si l'on partage en deux parts égales la même farine, si on y introduit la même dose de levain, la même quantité d'eau, le pain sera différent selon la méthode employée. La pâte pétrie par l'homme réussira mieux que celle pétrie à la mécanique ; elle lèvera davantage, grâce au degré plus grand de fermentation que lui imprime l'azote du corps humain.

On a donc été obligé dans les boulangeries mécaniques d'augmenter la dose du levain (1).

Dans ce même ordre d'idées, il serait intéressant de rechercher si la fermentation du moût s'établit et s'accomplit mieux lorsque le raisin est foulé par des moyens mécaniques, que lorsqu'il est foulé dans des cuves par des hommes plus ou moins nus et émettant des matières plus ou moins azotées ?

Telles sont les propriétés de l'azote assimilable. Mais comment un agriculteur peut-il être assuré que l'azote des engrais que lui livre le commerce jouit de ces mêmes propriétés.

Il y a un moyen bien simple ; c'est que la substance qui dans l'engrais représente l'azote soit une combinaison identique à celle que la nature crée pour les végétaux, ou à celle du fumier de ferme, c'est-à-dire que l'azote y soit à l'*état d'ammoniaque*, ou à l'état d'*acide nitrique*. Or l'industrie tient à la disposition de l'agriculteur ces deux combinaisons, l'une à l'état de sulfate d'ammoniaque, l'autre à l'état de nitrate de potasse (salpêtre).

(1) *Précis de chimie industrielle* de PAYEN, p. 736, vol. II.

Cette propriété de l'urine que signale M. Payen a été mise en application. Le *Journal d'agriculture pratique*, dans son numéro du 31 juillet 1884, signale des boulangers qui, à Paris, lorsque leur eau est trop limpide, la mêlent avec de l'urine. Révélation, ajoute le journal, qui fait froid dans le dos et qui, à part ce qu'elle a de dégoûtant, soulève des questions très graves au point de vue de l'hygiène publique

C'est donc seulement à ces deux sels qu'il est sage et prudent de recourir pour représenter l'azote dans les engrais chimiques : nous disons dans les *engrais chimiques*, car, pour donner de l'azote à la terre, on peut employer différents produits.

On peut recourir à l'enfouissage en vert de toutes les cultures qui absorbent l'azote de l'air, des légumineuses par exemple, comme le trèfle, la luzerne etc., et à leur défaut, à la moutarde, au colza, au sarrasin, etc. On peut se servir de tourteaux de graines oléagineuses, puis de tous les débris de feuilles, et de substances végétales quelconques.

Par l'enfouissage de ces substances, non seulement on donne de l'azote à la terre, mais on lui fournit des matières qui se changent en terreau, terreau dont nous avons démontré toute l'importance.

Les matières animales peuvent également être employées comme source d'azote. Une des meilleures est le sang desséché qui en contient jusqu'à 11 à 12 % dans un état très assimilable.

En seconde ligne, viennent la laine, les poils, les cornes, le cuir, les cocons de vers à soie et les débris de nombreuses matières animales, résidus de différentes fabrications.

Ces dernières substances sont toutes plus ou moins azotées, mais elles sont aussi d'une décomposition plus ou moins lente. Elles doivent de plus, pour devenir assimilables, subir dans le sol une transformation qui amène leur azote à l'état d'ammoniaque ou d'acide nitrique, modification qui se fait lentement, et pendant laquelle elles perdent au moins 1/5 de leur azote qui, à l'état de gaz, se répand dans l'air (1).

(1) M. G. VILLE. **Engrais chimiques**, 1er vol., p. 275. (Comptes rendus de l'Académie des sciences de Paris, T. XLIII, p. 143.)

M. REISET. Comptes rendus *ut supra*, T. XLII, p. 55.

Puisque ces matières ne peuvent se transformer que lentement et partiellement, elles doivent être pour l'agriculteur d'une valeur beaucoup moindre, que les nitrates et les sels d'ammoniaque.

En achetant de pareils produits, dit M. le professeur Schlœsing, l'agriculteur incorpore dans le sol des avances dont il ne bénéficiera qu'au bout de plusieurs années.

Il devrait donc payer cet azote moins cher que celui qui est fourni par une substance azotée à prompt effet, comme le sulfate d'ammoniaque.

Or cela n'est pas.

On peut donc employer ces matières soit seules, soit mises dans des composts, mais il y a un grand inconvénient à s'en servir dans les engrais chimiques et cela pour deux raisons.

La première, c'est que les fabricants ignorent eux-mêmes le plus ou moins de facilité que ces substances même torréfiées et grillées (ce qui aide à leur décomposition) mettent à se transformer en nitrates, ou en sels ammoniacaux.

La seconde, c'est, comme le fait observer M. Joulie, les garanties de titre et de composition offertes par le marchand qui a fait analyser une ou deux fois son produit, ne signifient absolument rien.

Ces matières subissent de telles variations que, même à l'insu du fabricant, il arrive très-fréquemment que la matière livrée ne possède pas le titre de celle qu'il a fait analyser.

Les garanties offertes par le marchand sont donc le plus plus souvent illusoires (1).

L'abandon des matières organiques azotées dans les engrais chimiques est donc une véritable question d'intérêt général,

______

(1) M. JOULIE. *Guide pour l'achat et l'emploi des engrais chimiques.* Pages 32 et suivantes.

et il arrivera un moment où, au lieu d'être vendues directement sous cette forme à l'agriculture, ces matières seront recueillies par l'industrie pour leur faire subir un traitement qui permettra de rendre assimilable la totalité de leur azote, en les transformant en sels ammoniacaux.

En attendant ce moment, le sulfate d'ammoniaque, ainsi que les nitrates, offrent à l'agriculture, soit au point de vue de leur composition qui est fixe, soit au point de vue de leur action fertilisante, des garanties bien plus sérieuses que les matières organiques azotées, surtout si l'on tient compte des déperditions qu'elles subissent, et des difficultés qu'elles éprouvent à se décomposer et à devenir assimilables.

Telle est l'opinion de M. Joulie. Je tenais d'autant plus à la faire connaître que cet auteur du guide pour les engrais chimiques remplit les fonctions d'administrateur de la Société anonyme des produits chimiques agricoles.

Du reste, je constaterai plus loin que ce n'est pas au seul point de vue de la science qu'il faut repousser l'introduction dans les engrais chimiques de matières organiques végétales ou animales azotées, mais surtout au point de vue pratique et au point de vue des connaissances de l'agriculteur.

VIII

Phosphore.

Le phosphore, à l'état de corps simple et non combiné, est si inflammable qu'on ne peut le conserver que dans des vases remplis d'eau. Il est donc de toute évidence qu'il ne peut être employé pur dans les engrais chimiques.

A l'état de simple mélange avec d'autres matières, comme

dans les allumettes, il conserve cette même propriété, et s'enflamme par le peu de chaleur que développe tout frottement.

Il n'en est plus de même lorsqu'il est *combiné* avec d'autres substances, au lieu d'être tout simplement mélangé. C'est ainsi que le phosphore uni à l'oxygène forme de l'*acide phosphorique*, acide qui, à son tour uni avec la chaux, donne un sel appelé *phosphate de chaux*. Or ni cet acide, ni ce sel ne sont inflammables.

C'est le phosphate de chaux qui constitue en grande partie les os de l'homme et ceux des animaux. C'est à lui que les os doivent leur dureté et leur solidité.

L'enfant dont la nourriture ne contient pas assez de phosphore à l'état de phosphate, devient rachitique.

Les chevaux également ont leur charpente d'autant mieux établie que leurs aliments sont plus riches en phosphates, et c'est à l'insuffisance de cette substance dans les prairies de la Normandie que l'on attribue les symptômes de dégénérescence qui se manifestent depuis quelques années dans les chevaux de ce pays.

Quelques observateurs ont comparé la grandeur des conscrits provenant de pays calcaires, dont les terrains contiennent des phosphates, avec celle des conscrits habitant des terrains granitiques très pauvres en phosphates (tels que les départements de la Corrèze, du Morbihan, etc.), et ont trouvé que la taille de ces derniers est plus petite que celle des premiers.

Les vaches élevées sur un sol granitique fournissent bien moins de lait que celles qui habitent un sol calcaire, et partout leur lait est d'autant plus abondant que leur nourriture est plus riche en phosphates. Or, puisque ce sont les prairies qui fournissent aux troupeaux le phosphore nécessaire à leur bonne constitution, et qu'à leur tour les prairies le tirent de la terre, il faut donc toujours lui en donner au moyen d'engrais chimiques.

Le phosphore se retrouve dans d'autres organes des animaux, dans la matière cérébrale, par exemple, et quelques savants prétendent qu'un être est d'autant plus intelligent, que son cerveau contient plus de phosphore.

Le phosphate de chaux constitue également l'émail des dents, et son épaisseur, sa dureté sont d'autant plus grandes que les aliments sont plus riches en phosphore. De là la recommandation de donner aux enfants du pain fait avec de la farine contenant encore du son, la partie extérieure du grain de blé qui produit le son étant celle qui renferme le plus de phosphate.

Les matières phosphatées qui, ingérées avec les aliments n'ont pas été utilisées par les organes des animaux ou qui, étant en excès, auraient pu devenir nuisibles, sont expulsées de leur corps par les urines et par les matières excrémentielles.

Ce sont ces déjections qui, absorbées par la litière, donnent au fumier de ferme le phosphore qu'il contient à l'état de phosphate, et c'est de l'urine que le chimiste Brand, de la ville de Hambourg, parvint à extraire pour la première fois ce corps remarquable qu'il appela phosphore, c'est-à-dire *porte-lumière*, vu son état lumineux dans l'obscurité.

Cette découverte fit beaucoup de bruit, et partout à cette époque on répétait ces mots du chimiste Brand : *Si l'on savait ce que contient l'urine, on rougirait d'en perdre une goutte.*

Ces mots sont encore applicables aujourd'hui aux nombreux cultivateurs qui laissent s'écouler, à travers les chemins, le purin de leur fumier et qui perdent par négligence, ou par ignorance, deux des éléments les plus importants de la fertilisation du sol : *l'azote et le phosphore.*

C'est donc avec raison que M Boussingault estime, « que « l'on peut juger avec certitude de l'intelligence d'un agricul- « teur par les soins qu'il donne à son fumier, et qu'il ajoute, « que, à titre d'encouragement, les comités agricoles devraient « donner des primes à ceux qui les soignent le mieux.

L'importance du phosphore est en effet très-grande en agriculture. Il est même regardé comme le corps le plus indispensable à la vie des végétaux. Déjà au commencement de ce siècle, en 1804, M. Théodore de Saussure écrivait ces lignes auxquelles on fit peu attention, mais dont on comprit plus tard toute l'importance. « Le phosphate de chaux contenu « dans un animal ne compte que pour une partie infiniment « petite de son poids, personne ne doute cependant que ce « corps ne soit essentiel à sa constitution. Or j'ai retrouvé cette « même substance, ce même phosphate de chaux, dans les « cendres de tous les nombreux végétaux que j'ai analysés, et « je crois pouvoir affirmer, qu'ils ne peuvent exister sans lui. » C'est en effet ce que l'expérience a confirmé.

Le phosphore c'est la force, la grénaison, la reproduction. Il donne au blé, l'épi lourd; à la betterave, le sucre; à la pomme de terre, la fécule; à la vigne, le raisin.

L'analyse chimique vient corroborer, et expliquer ces résultats. Elle constate que les cendres des graines, c'est-à-dire de la partie de la plante la plus importante, celle qui est chargée de la transmission de la vie, que ces cendres sont spécialement composées de *phosphate de potasse* (union de l'acide phosphorique avec la potasse), tandis que les cendres des autres parties de la même plante sont principalement composées de chaux.

C'est là un phénomène d'autant plus remarquable que le

phosphate de potasse qui prédomine dans les graines végétales se retrouve dans les œufs des animaux à peu près aux mêmes doses.

C'est ainsi que les cendres des grains de blé et celles des graines de vers à soie ont la même composition.

Toutes deux renferment en moyenne sur 100 parties, 50 parties d'acide phosphorique et 30 de potasse, soit 80 % de phosphate de potasse (1).

Des expériences faites par M. Corenwinder, font également ressortir toute l'importance du phosphore au point de vue de la transmission de la vie. — Elles ont démontré que les spores des mousses et des champignons sont très riches en phosphore et que le caractère chimique des cendres du pollen des végétaux et celui de la liqueur séminale des animaux est à peu près identique (2).

Le phosphore qui se trouve dans les os et dans les organes des animaux ne s'y est pas formé tout seul, il vient de leurs aliments et par conséquent de la terre, d'où ils les tirent.

On trouve en effet le phosphore dans la nature à l'état de combinaison et à l'état de roches plus ou moins compactes, ou de pierres d'une dureté variable. On les nomme *phosphorites, nodules, apatites*. Ces phosphates sont appelés *phosphates minéraux*.

On trouve encore une source abondante de phosphore dans d'immenses dépôts de coquilles entières, ou plus ou moins

(1) M. Eugène PELIGOT, membre de l'Institut. ***Traité de chimie appliquée à l'industrie***, p. 333.

(2) M. CORENWINDER. ***Comptes rendus de l'Académie des sciences de Paris***. T. L, p. 1137.

brisées, et mélangées de terre. Ces coquilles constituent les phosphates dits *fossiles*. Tels sont les fossiles d'une localité voisine, les fossiles de Bellegarde.

Le phosphore uni à l'oxygène de l'air constitue l'acide phosphorique. Cet acide est soluble dans l'eau, mais mis en terre, il a une grande tendance à se combiner avec la chaux qui se trouve dans les divers terrains et à former un phosphate de chaux insoluble et à l'état gélatineux. Heureusement qu'à cet état il est facilement dissous par l'acide carbonique.

Il n'en est pas de même du *phosphate de fer* et du *phosphate d'alumine*. Ces deux phosphates qui se trouvent souvent dans le sol, et qui jouent un rôle important dans la préparation industrielle des engrais chimiques, sont insolubles même dans l'eau saturée d'acide carbonique (1).

La solubilité des phosphates dépend en outre de leur densité. Plus la matière dont ils sont extraits est dure et pesante, plus ils sont difficilement ramenés à l'état soluble par l'eau chargée d'acide carbonique.

Plus la substance qui les renferme est tendre et désagrégée, plus ils sont solubles et plus ils sont actifs, étant plus facilement attaquables par ce même acide carbonique.

C'est ainsi que les phosphates contenus dans les matières fécales, dans l'engrais flamand et dans le fumier de ferme, sont plus facilement dissous par l'eau que ne le sont les phosphates provenant des os, et que ceux-ci, à leur tour, sont beaucoup plus attaquables que ne le sont les phosphates fossiles ou minéraux.

Plusieurs de ces derniers sont si fortement agrégés, qu'on

____

(1) Ces phosphates de fer et ceux d'alumine paraissent ne pouvoir être décomposés et rendus solides que par les silicates, par la chaux et par les sels ammoniacaux.

ne peut les mettre en poudre qu'après les avoir *étonnés*, opération qui consiste à les chauffer au rouge, puis à les plonger subitement dans l'eau froide. Ils se fendillent alors et peuvent être plus facilement pulvérisés.

De là il résulte que dans le même terrain, où les phosphates minéraux ou fossiles n'ont produit aucun effet, les phosphates d'os peuvent en produire, et que les phosphates d'os sont surpassés à leur tour par les phosphates que contiennent les matières fécales.

En voici un exemple : MM. Corenwinder et Contamine enfouirent 160 kilogr. de phosphate dans un terrain du nord de la France, en contenant déjà naturellement 900 kilogr. par hectare (profondeur 30 centimètres). L'effet produit par cet engrais fut très prononcé, et il fut démontré que les phosphates qui faisaient partie du sol étaient moins solubles dans l'acide carbonique que ceux qui avaient été ajoutés comme engrais.

Dans un terrain de même grandeur (près de Lille), qui recevait comme fumure 10 kilogr. d'engrais flamand par are, la même dose de phosphate fut ajoutée, mais ce phosphate ne produisit aucun effet. — Quelle en fut la raison ? La voici : les phosphates que contenait la terre étaient beaucoup plus solubles dans l'acide carbonique que ne l'étaient ceux qui avaient été donnés comme engrais.

Dans cette expérience, l'engrais phosphaté le plus actif fut celui qui se dissolvait en plus grande quantité dans l'acide carbonique, et celui qui s'y dissolvait le plus, était le moins agrégé, c'est-à-dire l'engrais flamand mélangé d'urine et de matières excrémentielles fermentées.

Il ne faut donc pas conclure, de ce que l'analyse a constaté la présence de phosphates dans un terrain, qu'il est inutile de lui en donner comme engrais.

Non, il faut lui en fournir, en ayant soin de choisir le plus possible parmi les phosphates dont on peut disposer, celui qui se désagrége et se décompose le plus facilement, et qui par cela même, est le plus soluble dans l'acide carbonique.

C'est dire qu'à défaut de l'engrais flamand qui malheureusement n'est pas employé chez nous, on doit préférer les phosphates d'os, aux phosphates minéraux ou fossiles.

Quant aux terrains tout calcaires qui ne renferment que très peu de terreau, les phosphates de chaux que l'on y met exercent peu d'action. Ils sont en effet assez rapidement transformés en phosphate de chaux insoluble par l'excès de chaux qui constitue le sol lui même. Il faut alors donner à la terre soit des sels ammoniacaux, soit du fumier qui renferme et des matières végétales qui se changeront en terreau et le phosphate le plus facilement soluble et assimilable.

Le phosphore, qui est représenté dans les engrais chimiques par le *superphosphate de chaux*, a la propriété, comme nous l'avons déjà dit, de remédier au danger que fait courir aux végétaux l'azote employé seul et à forte dose.

Ces deux agents de la fertilité réunissent leur action particulière, l'azote agissant principalement sur les parties foliacées des végétaux, le phosphore sur les organes de la reproduction et de la fructification.

M. Boussingault admet que ces deux substances ne développent leurs propriétés que lorsqu'elles sont associées l'une à l'autre.

Voici une de ses expériences :

1° Une graine d'hélianthus mise dans un sol n'ayant aucun engrais a produit une plante pesant 3 gr., 60 centigr.

2° Une graine d'hélianthus mise dans le même sol qui reçut de plus des cendres, du phosphate de chaux et de l'*azotate de potasse* a produit une plante pesant **198** gr., **30** centigr.

3° Une graine d'hélianthus dans le même sol qui a reçu des cendres, du phosphate de chaux et du carbonate de potasse au lieu d'azotate a produit une plante pesant 4 gr., 60 centigr.

Cette expérience montre que le phosphate, qui n'a point trouvé de sel d'azote avec lequel il pût s'associer, n'a produit que de chétives plantes, tandis que, mélangé avec de l'azotate de potasse, il a produit une plante pesant 198 gr., 30 centigr. (1).

Si d'autre part, ajoute M. Boussingault, l'on considère :

1° Que l'azote mélangé au phosphore augmente considérablement chez les plantes la propriété qu'elles ont de décomposer par leurs feuilles l'acide carbonique, et de s'emparer de son carbone ;

2° Que les parties jeunes des végétaux toujours riches en matières azotées, contiennent une proportion considérable de phosphore ;

3° Que les substances alimentaires les plus riches en azote sont aussi les plus riches en phosphore ; qu'il en est de même pour les graines des végétaux ; on arrive à conclure que ces deux substances sont unies dans les plantes suivant un mode de combinaison mystérieux (2).

Il faut donc toujours dans les engrais chimiques mélanger les phosphates soit avec des matières azotées, soit avec des nitrates ou des sels d'ammoniaque.

Cette union des phosphates et des substances azotées, que

(1) M. BOUSSINGAULT. *Comptes rendus de l'Académie des sciences de Paris*. T. XLIV, p. 947.

(2) M. BOUSSINGAULT. Comptes rendus *ut supra*. T. XLI, p. 845. T. XLIV. p. 834. T. XLV, p. 1000.

réalise le guano, fiente de quelques espèces d'oiseaux de mer, explique la grande fertilité qui résulte de son emploi.

Malheureusement ce guano qui a donné de si brillants résultats est aujourd'hui presque toujours falsifié. Il en existe même un, dit du Chili, ou guano terreux, qui ne contient que du phosphate de chaux, et peu de matière azotée.

Sans contester sa valeur, il n'a cependant pas celle du guano ammoniacal. Tout agriculteur sage et prudent renoncera donc à ce genre d'engrais qu'il peut du reste remplacer très avantageusement par un mélange de trois parties de superphosphate d'os, avec une partie de sulfate d'ammoniaque.

Il faut cependant qu'il n'oublie pas que le mélange qui remplace le guano est comme celui-là, un engrais incomplet, qui, au lieu des quatre substances nécessaires à la fertilité de la terre, n'en renferme que deux : l'azote et le phosphore.

Or si des engrais incomplets peuvent donner de très fortes récoltes pendant quelques années, ils ne tardent pas à stériliser le terrain. Comme conséquence de l'excessif développement qu'ils impriment momentanément à la végétation, ils épuisent la terre, et rompent l'équilibre qui doit exister entre les quatre éléments de fertilité.

Cet arrêt de fertilité, ayant pour cause l'emploi des engrais incomplets, a été signalé dans un grand nombre de cas et de contrées.

Dans les colonies françaises, on avait employé pendant longtemps le guano, comme engrais pour la canne à sucre, et l'on remarqua que les rendements diminuaient d'année en année.

On attribue ce déficit à une maladie particulière, que l'on appela *maladie des cannes à sucre*, mais cette prétendue maladie disparut dès que l'analyse du terrain démontra que la po-

lasse y faisait défaut et qu'on eût substitué au guano engrais
incomplet, un engrais contenant les quatre éléments de fertilité (1).

Citons encore un exemple tiré des fermes du Nord de la
France.

Le sol de cette contrée, comme tous les traités de chimie
agricole le constatent, contient assez de phosphate de chaux,
pour que les agriculteurs n'aient pas à se préoccuper de lui
en fournir.

Mais il y a une limite à tout, et dans une ferme où l'on
cultivait alternativement la betterave et le blé, le propriétaire
remarqua que ce dernier donnait chaque année des récoltes
plus faibles.

L'analyse de la terre ayant constaté l'insuffisante quantité
des phosphates, il eut recours à un engrais complet et la
récolte du blé redevint normale (2).

Telles sont les propriétés du phosphore, et comme on peut
en juger par cet exposé, il doit jouer un rôle capital dans les
engrais, surtout si l'on tient compte de la petite quantité de
cette substance que renferme le fumier de ferme, et qui ne
s'élève qu'à 180 grammes à 300 grammes par 100 kilogrammes. Il est donc bon d'y ajouter du phosphate de chaux que
l'on répand de temps en temps par poignées sur le fumier ou
dans l'étable. Cette opération qui enrichit le fumier en phosphore, l'enrichit aussi en azote, le phosphate de chaux fixant
l'ammoniaque qui alors ne se perd plus dans l'air (3).

(1) Payen. **Précis de chimie industrielle.** IIme vol., p. 751.
(2) M. Landureau. **Comptes rendus de l'Académie des sciences.**
T. XCIV, p. 136.
(3) M. Thenard a trouvé dans le purin d'un fumier, dans lequel on
avait mis des couches de phosphates minéraux en poudre, une quantité

Or, enrichir le fumier en y ajoutant du phosphore, est une mesure d'autant plus recommandable que cette substance se trouve bien souvent en doses insuffisantes dans un grand nombre de terrains.

Cette insuffisance peut provenir soit de la nature du sol, soit de ce que les phosphates qu'il contenait ont été absorbés par des cultures dont les produits consommés hors de la ferme ne sont pas retournés sous forme de fumier aux champs d'où ils sont sortis.

Les phosphates peuvent être également très utiles dans un terrain, du moment que ceux qu'il contient naturellement sont moins solubles dans l'eau chargée d'acide carbonique, que celui que l'on pourrait lui fournir au moyen d'engrais.

Pour cela il importe de connaître quels sont les divers phosphates que l'on trouve dans le commerce, et quels sont les plus actifs, c'est-à-dire ceux qui se dissolvent le plus facilement dans l'eau.

Les premiers phosphates que l'on a employés provenaient des os des animaux.

On ne faisait subir à ces os appelés dans le commerce, *os verts*, aucune préparation. On se contentait de les mettre en poudre. Dans cet état ils contenaient environ 4 % d'azote provenant de la gélatine qui forme leur réseau. Mais la graisse qui les imprégnait rendait leur pulvérisation difficile, et s'opposait à leur décomposition, ou du moins la rendait des plus lentes.

C'est ainsi que, d'après des expériences de M. Payen, ces

notable d'acide phosphorique provenant de ces phosphates. Ils avaient été en partie dissous par le carbonate de chaux ou par le carbonate d'ammoniaque du fumier. — M. Dehérain, *Cours de chimie agricole*, p. 542.

os enfouis en. terre, après avoir été simplement mis en poudre, ne perdirent en quatre ans que 8 °/₀ de leur poids primitif.

Pour remédier à ce grave inconvénient on *dégélatine* les os.

Pour cela, on les soumet à l'action de la vapeur, ou à celle de l'eau bouillante, qui leur enlève la plus grande partie de leur graisse et un peu de leur gélatine.

Après ce traitement ils se pulvérisent plus facilement et donnent une poudre qui, d'après les mêmes expériences de M. Payen, se décompose et perd dans le même temps 30 °/₀ de son poids. Dans ces os le phosphate de chaux, en vertu de son interposition au milieu d'une matière animale, se présente dans un état de division qui le rend plus facilement attaquaquable par l'acide carbonique.

La matière azotée aide à cette décomposition tout en concourant à la nutrition des végétaux.

L'emploi de cette poudre d'os est donc à recommander.

Une troisième préparation s'obtient en renfermant des os dans des cylindres de fer bien fermés. On les chauffe au rouge, puis on en retire ces mêmes os complétement noirs, le charbon de la gélatine et de la graisse n'ayant pu se brûler, vu l'absence de l'oxygène de l'air.

Ce produit est connu dans le commerce sous le nom de *noir d'os* ou de *charbon animal*. Mis en poudre, il est très fertilisant, mais il est principalement réservé pour les raffineurs et les fabricants de sucre, qui l'emploient pour décolorer et blanchir leurs sirops, propriété qu'il doit à son charbon. Malheureusement, ce noir d'os est une des substances qui subit le plus de falsifications. On en vend même qui ne contient point de phosphate de chaux, ce sel n'exerçant aucune action dans la décoloration des sirops, le charbon agissant seul à ce point de vue.

A ces diverses préparations on peut ajouter les *cendres d'os* que l'on obtient en calcinant les os à l'air jusqu'à ce que la matière charbonnée soit brûlée et qu'ils soient devenus blancs.

Puis, le *phosphate précipité* qui se prépare en dissolvant les os dans l'acide chlorhydrique et en ajoutant de la chaux à la solution.

L'emploi de ce phosphate est recommandé pour les prairies marécageuses à terreau acide, pour les terres que l'on vient de défricher.

Il parait, hors de ces cas, être inférieur aux autres phosphates, comme de nombreuses expériences et parmi elles, celles toutes récentes de M. Borel l'ont prouvé (1).

Parlons maintenant des phosphates minéraux et fossiles.

Les premiers se trouvent, comme nous l'avons déjà dit, sous la forme de pierres ou de roches plus ou moins dures et compactes. Ils sont plus ou moins mélangés avec des substances étrangères.

Les phosphates fossiles constituent d'immenses dépôts formés de coquilles entières et de leurs débris.

Ces phosphates ne sont pas solubles dans l'eau, lors même qu'ils ont été réduits en poudre fine. Ils sont doués d'une grande cohésion. Cela explique pourquoi les fortes importations qui en ont été faites en Angleterre n'ont pas donné les résultats favorables qu'on espérait. MM. Payen et Boussingault ont eu l'occasion de vérifier ce fait pendant une mission dans la grande Bretagne dont ils avaient été chargés par M. Dumas, alors ministre de l'agriculture et du commerce (2).

(1) M. Ch. Borel, rédacteur en chef du *Journal d'Agriculture de la Suisse romande*, numéro du 5 mai 1885.

(2) MM. Payen et Boussingault. *Comptes rendus de l'Académie des sciences de Paris*. T. XLIV, p. 503.

De son côté, M. Moride, qui a analysé les phosphates qui sont déposés dans les chantiers du gouvernement français, a trouvé que les phosphates de l'Estramadure et que les nodules des Ardennes sont insolubles dans l'eau chargée d'acide carbonique, et même dans l'eau acidifiée par l'acide acétique. Les phosphates minéraux et les phosphates d'os seraient donc, selon M. Moride, deux choses bien différentes au point de vue des engrais (1).

M. Dehérain n'a pu dissoudre le phosphate des nodules des Ardennes, ni par l'acide carbonique, ni par l'acide acétique. Mais ces nodules mis en poudre et exposés à l'air, deviennent un peu solubles surtout dans l'acide carbonique et l'acide acétique réunis. Ces phosphates, mis en poudre et après une assez longue exposition à l'air, pourraient être utiles dans ces sols à réaction acide, dans les bruyères défrichées par exemple (2).

Ces observations de M. le professeur Dehérain ont été confirmées par M. Bobierre (3).

Ces phosphates deviennent beaucoup plus solubles lorsqu'on traite leur poudre par l'acide sulfurique. Cet acide s'empare d'une partie de leur chaux pour faire du sulfate de chaux (plâtre). Dans cette opération, l'acide phosphorique, qui était uni avec la chaux et dont la chaux a été prise, devient libre, ou se trouve combiné avec beaucoup moins de cette substance. Il est alors soluble dans l'eau et c'est dans cet état que l'agriculture emploie le plus souvent tous les

(1) M. Moride. Comptes rendus *ut supra*. T. XLIV, p. 239.

(2) M. le professeur Dehérain. Comptes rendus *ut supra*. T. XLV, p. 13.

(3) M. Bobierre. Comptes rendus *ut supra*, T. XLV, p. 167-636.

Journal d'agriculture de la Suisse romande, numéro du 24 octobre 1844.

phosphates soit d'os, soit minéraux, soit fossiles, sous le nom de *superphosphates*.

Cette préparation faite avec quelques os réduits en poudre grossière et mis dans un baquet en bois où l'on verserait de l'acide sulfurique étendu d'eau est encore une opération qui, comme celle du sulfate d'ammoniaque, serait à recommander, car elle serait très facile à exécuter dans les écoles de campagne.

L'industrie des engrais livre actuellement aux agriculteurs des superphosphates minéraux et fossiles, et des superphosphates d'os.

Ces derniers contiennent en moyenne 15 à 16 % d'acide phosphorique soluble. Ils sont d'un prix plus élevé que les superphosphates minéraux ou fossiles, mais en réalité ils sont moins chers, car, étant d'une nature primitive moins dense, et d'une texture plus poreuse, ils finissent par se désagréger et par se dissoudre complètement.

Il est du reste fort probable que l'azote qu'ils contiennent encore, contribue à faciliter leur décomposition.

C'est là une première raison qui milite en faveur de leur emploi.

La seconde raison, c'est qu'ils n'ont pas l'inconvénient de rétrograder en vieillissant.

Ce mot *rétrograder* demande une explication.

Un superphosphate rétrograde, c'est-à-dire marche et revient en arrière, lorsque l'acide phosphorique dégagé de la chaux avec laquelle il était uni, et rendu par cela même soluble dans l'eau, s'unit de nouveau à la chaux et redevient insoluble, comme il l'était avant d'avoir été séparé par l'acide sulfurique.

Or ces superphosphates minéraux ou fossiles, qui ont rétrogradé et dont une partie de l'acide phosphorique soluble est de nouveau devenue insoluble, ces superphosphates méritent-ils la confiance des agriculteurs ?

Sont-ils véritablement *assimilables ?* Désignation sous laquelle ils sont recommandés dans les prix-courants des fabriques d'engrais chimiques.

Telle est l'importante question au sujet de laquelle règne un complet désaccord entre les chimistes et les fabricants.

Selon M. Joulie, auteur du *Guide pour l'achat et l'emploi des engrais minéraux*, un superphosphate est assimilable lors même qu'il est insoluble dans l'eau, du moment qu'il se dissout dans cette même eau contenant du *citrate d'ammoniaque.*

L'essai par ce sel d'ammoniaque met, dit-il, le superphosphate à sa véritable place. S'il y est soluble, il est sous le rapport de l'efficacité agricole, l'égal de tous les autres.

Il y aurait cependant des exceptions. C'est ainsi que, d'après des expériences de M. Joulie lui-même, un grand nombre de minerais ou de roches phosphatées contiennent du fer et de l'alumine. Or ces roches, mises en poudre et traitées par une quantité d'acide sulfurique suffisante pour s'emparer de toute leur chaux, ne rétrogradent point, mais le superphosphate qui en résulte reste mol et pâteux, et par conséquent impropre à être répandu sur la terre.

Si pour dessécher cette pâte, on y ajoute (comme cela se fait dans tous les engrais chimiques) soit de la chaux, soit du plâtre, on obtient un superphosphate qui se dessèche, il est vrai, mais qui se dissout mal dans le citrate d'ammoniaque, et qui est peu assimilable.

Si on diminue la quantité d'acide sulfurique nécessaire pour s'emparer de toute la chaux contenue dans les roches, le superphosphate préparé se durcit et peut être mis en poudre, mais il est également peu soluble dans le citrate d'ammoniaque et par conséquent peu assimilable.

M. Joulie admet donc que les minerais phosphatés, qui servent à préparer des superphosphates ne peuvent être assimilables du moment qu'ils contiennent du fer ou de l'alumine (argile). Or ces espèces de roches exploitées par les fabricants d'engrais sont très nombreuses, et jettent du doute et du discrédit sur celles qui ont une autre composition, les fabricants gardant à ce sujet un silence prudent.

Mais, pourrait-on objecter, si ces superphosphates contenant de l'alumine ou du fer, sont insolubles dans une solution de citrate d'ammoniaque, ils peuvent être solubles dans de l'eau contenant de l'acide carbonique.

Non cela n'est pas. M. Thenard dans son mémoire *Sur la manière dont les phosphates passent dans les plantes*, a constaté que les phosphates de fer et les phosphates d'alumine sont insolubles dans l'eau gazée par l'acide carbonique (1).

Il est donc prudent et sage lorsqu'on emploie les engrais chimiques de s'abstenir des superphosphates minéraux ou fossiles, vu l'incertitude de leur composition, incertitude qui n'existe jamais avec les superphosphates faits avec des os.

D'ailleurs le mot *assimilable*, appliqué aux superphosphates insolubles dans l'eau, mais solubles dans le citrate d'ammoniaque, n'a été adopté ni par la société des agriculteurs de France, ni par le congrès des différentes sections agronomiques (2).

(1) M. le baron THENARD, de l'Institut. **Comptes rendus de l'Académie des sciences.** T. XLVI, p. 212.

(2) En Allemagne, sur l'ordre du gouvernement, les superphosphates ne se dosent que sur le phosphate insoluble ou non, et jamais par le citrate. Mais le phosphate soluble dans le citrate donne aux fabricants plus de bénéfice que le phosphate soluble dans l'eau.

Voir l'article **Phosphate soluble dans l'eau**, du **Journal d'agriculture pratique** du 13 novembre 1884, p. 696.

La commission chargée d'étudier cette question s'est basée *sur ce que le dosage des phosphates par le citrate d'ammoniaque donne lieu à des erreurs importantes, soit en plus, soit en moins.* Elle lui préfère le dosage par la méthode *citro-uranique* et engage les agriculteurs à demander que les superphosphates minéraux ou fossiles qu'ils achètent soient dosés par ce dernier procédé.

La commission ajoute que, pour apprécier complètement un superphosphate minéral, il faut connaître :

1° La quantité d'acide phosphorique libre et soluble qu'il renferme.

2° La quantité de phosphate insoluble dans l'eau et dans le citrate.

3° La quantité de phosphate insoluble dans l'eau et soluble dans le citrate.

Dans le cas où ces trois dosages seraient trouvés trop compliqués et trop difficiles à faire, la commission appelle l'attention des agriculteurs sur la nécessité de bien indiquer sur lequel des trois états devra porter l'analyse du dosage.

Ils ne devront pas oublier que la quantité d'acide phosphorique soluble dans l'eau a une valeur plus élevée que la même quantité de phosphate soluble seulement dans le citrate d'ammoniaque, qui lui-même l'emporte de beaucoup sur le phosphate insoluble dans le même citrate.

Comme exemple des graves erreurs qui se commettent dans ces analyses, M. Mène cite le résultat d'une expertise où le superphosphate était marqué comme contenant 70 % de phosphate de chaux par la méthode *au citrate*, et qui, par la méthode *au bismuth*, n'en a accusé que 50 %.

C'est sur des données pareilles, ajoute-t-il, qu'on a établi des extractions de calcaires, de coquilles, de roches dites phosphatées qui ne contiennent que peu ou point de phosphates.

Or tous les jours ces soi-disant phosphates sont vendus et versés dans le commerce pour l'agriculture (1).

La non-approbation, par le congrès et par la Société des agriculteurs de France, de l'emploi du mot *assimilable* appliqué aux superphosphates solubles dans le citrate d'ammoniaque est un fait important que relève le *Journal d'agriculture de la Suisse romande* de février 1883 :

« Il est urgent, dit-il, de montrer aux agriculteurs les
« pièges où ils tombent quand ils achètent des prétendus su-
« perphosphates dont la teneur est indiquée en phosphates
« solubles, dosage par le *citrate d'ammoniaque*.

« Quand on voit en effet ce qu'on livre généralement au-
« jourd'hui pour des superphosphates, et que les acheteurs
« en sont venus à réclamer ce mode de dosage, on est forcé
« d'en conclure que la plupart ne savent ni ce que c'est qu'un
« véritable superphosphate, ni les conséquences de ces garan-
« ties astucieuses.

« Pour que les superphosphates soient de vrais superphos-
« phates, il ne suffit pas qu'ils soient le produit d'un phos-
« phate quelconque par l'acide sulfurique sans égard à la
« rétrogradation, c'est-à-dire au retour à l'état insoluble dans
« l'eau, du phosphate que l'acide sulfurique avait rendu
« soluble.

« Théoriquement il ne doit pas y avoir dans les superphos-
« phates d'acide phosphorique rétrogradé, puisque l'engrais
« qui pendant des années a été seul dénommé *superphosphate*,
« était le produit du traitement des os par l'acide sulfurique,
« produit qui ne rétrograde pas.

« Par exception, il y a des phosphates minéraux, dont

(1) M. Mène. *Comptes rendus de l'Académie des sciences de Paris.* T. LXXVI, p. 1419.

« l'acide rendu soluble dans l'eau, y reste soluble, avec ceux-
« ci on peut faire de vrais superphosphates, mais la plupart
« des phosphates minéraux sont impropres à en fabriquer,
« leur phosphate que l'acide sulfurique rend soluble, y deve-
« nant rapidement insoluble en fortes proportions.

« Dans les vrais superphosphates, c'est l'acide phosphorique
« soluble dans l'eau qui prédomine d'une manière absolue.
« Dans la plupart des phosphates minéraux, c'est au contraire
« l'acide insoluble qui prédomine.

« Ces deux superphosphates, dit en terminant le *Journal*
« *d'agriculture*, ont donc un caractère distinctif diamétrale-
« ment opposé, et, on ne saurait trop donner de publicité à
« la proscription du mot assimilable.

Concluons donc avec M. Schlœsing, membre de l'Institut de
France et professeur à l'Institut national agronomique : « qu'il
« est temps que le traitement des phosphates minéraux par
« l'acide sulfurique, au lieu de s'arrêter en mi-chemin pour
« livrer des produits variables, et d'une valeur quelque peu
« incertaine, soit poussé jusqu'au bout. Il faut que l'acide
« sulfurique soit employé en dose telle que sa réaction sur la
« chaux soit complète et ne produise que de l'acide phospho-
« rique libre.

« Cet acide livré au commerce servirait, combiné à la
« magnésie et à l'ammoniaque, à faire un *phosphate ammo-*
« *niaco-magnésien*, sel des plus actifs et des plus fertili-
« sants (1). »

A son tour, M. Pelouze, membre de l'Institut, a donné lecture
à l'Académie des sciences d'un mémoire sur les phosphates
de chaux. Après y avoir indiqué le moyen de préparer indus-
triellement un phosphate de chaux soluble dans l'eau, et encore

____

(1) M. Schlœsing. *Comptes rendus de l'Académie des sciences de Paris.* T. XCIII, p. 278.

plus dans l'acide carbonique, il ajoute: Cette préparation *remplacerait très avantageusement les superphosphates du commerce toujours mélangés dans une forte proportion de produits qui n'exercent aucune action sur les végétaux*, et permettrait à l'industrie de faire en grand et de vendre le sel éminemment fertilisant, le *phosphate ammoniaco-magnésien* (1).

En attendant l'accomplissement de ce double souhait, il est bon et prudent de la part des agriculteurs de ne recourir pour leurs engrais qu'au superphosphate d'os ou aux os dégélatinés et mis en poudre, et, dans le cas do terrains marécageux au phosphate précipité. Qu'ils se souviennent que si dans les superphosphates d'os une partie de la poudre d'os échappe à l'action de l'acide sulfurique, ce qui arrive toujours, elle n'en est pas moins de la poudre d'os, c'est-à-dire, une substance désagrégée, poreuse, des plus fertilisantes, contenant encore un peu de matières azotées, et qui, avec le temps se dissout tout entière dans le sol.

Ce qui n'arrive pas avec les phosphates minéraux.

IX

Potasse.

La potasse est un des quatre éléments de l'engrais chimique, elle se trouve dans le fumier de ferme, à la dose de 500 à 650 grammes par 100 kilos. Dans le fumier, elle provient en partie des matières végétales qu'il renferme, et en partie des excréments des animaux de l'étable. C'est ainsi que 4,000 kil. de paille renferment 20 kil. de potasse, et c'est uniquement en lessivant les cendres des végétaux et en évaporant l'eau

(1) M. Pelouze. Comptes rendus, *ut supra*. T. LXVI, p. 1327.

de la lessive que l'on a obtenu pendant longtemps cette substance et qu'on la prépare encore aujourd'hui dans quelques
localités de l'Allemagne, et du Nord.

Personne du reste n'ignore que la potasse dont on se sert
pour laver le linge s'obtient en traitant les cendres par l'eau
bouillante.

Cette substance joue un rôle important dans la vie des végétaux, et comme nous l'avons vu, leurs graines, c'est-à-dire
leur partie vitale, celle qui est composée de manière à assurer
la reproduction de l'espèce, contient en de très fortes proportions de la potasse unie au phosphore.

Sous son influence, (comme sous celle de la chaux), les
matières azotées, non solubles et inertes, sont changées en
nitrates, ou en sels ammoniacaux, seuls agents reconnus
jusqu'à présent comme capables de porter de l'azote, dans
l'organisme des végétaux.

Nous avons également vu qu'un mélange d'azote et de
phosphore représenté par du guano, ou par du sulfate d'ammoniaque, et du phosphate de chaux, donne à la terre
pendant quelques années une grande fertilité, mais qu'il ne
tarde pas à la stériliser du moment que la végétation luxu-
riante que donnent ces deux substances a privé le sol de la
potasse qu'il contenait.

Elle est en effet d'une très grande importance comme l'ont
du reste confirmé des expériences faites par M. G. Ville (1).

Dans des terres qu'il avait préparées et où n'entrait
aucune substance potassique, il a mis comme engrais le
mélange de sulfate d'ammoniaque et de phosphate de chaux
qui remplace le guano. Cette terre n'a rien produit. Il y a

____

(1) M. G. Ville. *Mémoire sur l'importance comparée des agents
qui concourent à la production végétale.* Comptes rendus *ut supra.*
T. LI, p. 247.

alors ajouté, tantôt du nitrate, tantôt du carbonate de potasse, et la terre est immédiatement devenue des plus fertiles.

Partout où cette substance se trouve en quantités notables et à l'état soluble, la végétation est des plus belles. La Limagne en est un exemple. Il en est de même des terrains que l'on arrose avec des lessives de potasse, et de ceux qui se trouvent dans le voisinage d'une savonnerie.

L'efficacité de cette substance est reconnue depuis bien longtemps, et n'a point échappé aux peuplades sauvages de l'Amérique qui brûlent leurs forêts pour se procurer ce précieux engrais.

La potasse se rencontre dans la plupart des terres, mais elle est souvent engagée dans des roches ou dans des argiles à combinaisons insolubles ou peu solubles. Nous avons signalé ce même phénomène d'insolubilité, à propos de l'azote et des phosphates. Aussi dans l'espérance, peut-être chimérique, que le sol cédera aux plantes la potasse qu'il contient, on ne doit point, par économie, la supprimer dans les engrais que l'on emploie et dire la terre y pourvoira. C'est ainsi que l'on risque de compromettre une récolte (1).

On a quelquefois reproché à cet élément de fertilité de boucher les pores des feuilles, de les rendre cassantes, de les faire jaunir, puis tomber.

Ce reproche ne s'adresse pas à la potasse elle-même, mais à deux de ses sels : au chlorure de potassium, et surtout au sulfate de potasse.

(1) Six terres différentes, traitées chimiquement, ont donné en moyenne par hectare 58,000 kil. de potasse ; neuf terres, traitées seulement par l'eau, n'ont donné par hectare et en moyenne que 507 kil. de potasse soluble. 507 kil. seulement sur 58,000 étaient donc utiles aux plantes.

Composés d'éléments fortement unis, ces deux sels sont peu décomposables, et ne peuvent que difficilement se séparer et subir les transformations que la végétation crée dans les différentes phases de son développement. En un mot, ils ne s'assimilent pas, ou ne s'assimilent que très lentement aux végétaux.

D'autre part, étant solubles, ils ne tardent pas, dès que l'eau qui leur a servi de véhicule, vient à s'évaporer, à obstruer les canaux et les pores des feuilles.

Les preuves, que ces deux sels ne se décomposent pas ou ne se décomposent qu'en faible partie, ces preuves se comptent en très grand nombre (1).

En voici quelques-unes :

Des analyses de colza ont donné pour résultats de la potasse à l'état de sulfate et de la potasse à l'état de chlorure. Ces deux substances, mises comme engrais, n'avaient donc subi aucune transformation, on les a trouvées telles qu'elles avaient été mises en terre, et telles que les racines les avaient absorbées.

De nombreuses analyses ont constaté que le sulfate de

---

(1) Le sulfate de potasse, de même que le sulfate de chaux, mis en terre, se transforment sous l'influence du terreau en *sulfure de potassium* et en *sulfure de calcium*, puis en carbonate de potasse et en carbonate de chaux.

Cette décomposition se fait normalement avec le sulfate de chaux qui, étant très peu soluble dans l'eau (1 partie sulfate veut 450 parties d'eau), ne se dissout que peu à peu, de manière à rencontrer toujours des substances végétales et à ne pas échapper à leur action.

Il n'en est pas de même pour le sulfate de potasse. Il est soluble dans l'eau en fortes proportions, et la plus grande partie de la solution de ce sel se perd dans le sous-sol, ou est absorbée par les racines des plantes à l'état de sulfate non décomposé, et cela avant qu'elle ait rencontré assez de substances végétales ou de terreau, pour être changée en sulfure.

potasse et le chlorure de potassium, qu'on avait donnés comme engrais à des betteraves, se sont retrouvés tout simplement emmagasinés dans leurs tissus, et, dans le même état, où ils étaient lorsqu'ils furent mis en terre. Ils n'avaient donc pas agi comme engrais.

M. Joulie a obtenu les mêmes résultats. « La betterave, dit-« il, absorbe indistinctement tous les sels qui se présentent à « ses racines. Si ces sels sont du sulfate de potasse ou du « chlorure de potassium, ils s'emmagasinent simplement dans « ses tissus, sans pouvoir être utilisés à la formation des « composés organiques qui lui permettent de produire du « sucre.

« Si au contraire la potasse lui arrive à l'état de nitrate, « elle décompose ce sel par voie de réduction. En un mot, les « nitrates se trouvent *assimilés* en totalité par le végétal, « tandis que les chlorures et les sulfates ne sont qu'*absorbés* « par lui (1).

Dans un mémoire lu à l'Institut de France, *sur l'action qu'exercent sur la pomme de terre les différents sels de potasse essayés séparément*, M. Pagnoul a trouvé que le plus fort rendement de ce tubercule est donné par le carbonate de potasse (potasse du commerce, cendres), et que le plus faible est celui qui correspond au chlorure de potassium.

Dans les cendres de ces pommes de terre, *il a retrouvé ce chlorure, à l'état de sel, et n'ayant subi aucune décomposition.* Il a donc été absorbé par les racines sans profit pour la plante à laquelle il n'a pu servir d'aliment (2).

(1) M. JOULIE. *Guide pour l'achat et l'emploi des engrais chimiques*. Pages 260-261.

(2) Mémoire de M. PAGNOUL. *Comptes rendus de l'Académie des sciences de Paris*. T. LXXX, p. 1010.

D'autre part, M. Dehérain, professeur à l'Ecole d'agriculture de Grignon, a fait de 1865 à 1868 des essais avec les sels de potasse. Il a employé les sels de Stassfurt qui venaient d'être découverts en Allemagne, et d'apparaître sur le marché français. Il jugea utile d'étudier leur action sur diverses cultures et sur différents sols, afin d'encourager leur emploi s'il réussissait, et de prévenir les mécomptes, si au contraire il ne reconnaissait pas à ces matières toute l'utilité que les agronomes allemands paraissent leur accorder (1).

Ces sels sont des composés de potasse, plus ou moins riches en *chlorure de potassium* et en *sulfate de potasse*, et cela, selon leur degré de concentration et de purification. Ils renferment également plus ou moins de sel marin (chlorure de sodium). Or sur les pommes de terre ces différents composés eurent un résultat nul et défavorable.

Le *sulfate de potasse concentré* (toujours de Stassfurt), ne donna en général que de faibles excédants de récolte, quelquefois même son emploi fut suivi d'une diminution dans le poids des végétaux recueillis.

Dans une autre terre très pauvre en potasse, les pommes de terre ainsi que les betteraves ne profitèrent que médiocrement de ces sels.

Dans une troisième série d'expériences, faites aussi sur une terre pauvre en potasse, ces chlorures, ces sulfates ont donné des résultats peu encourageants.

Citons encore M. Peligot. Dans un travail sur *l'action des divers engrais sur les betteraves sucrières*, ce membre de l'Académie des sciences, qui est professeur de chimie à l'Institut

(1) M. DEHÉRAIN, professeur de chimie à l'Ecole d'agriculture de Grignon. **Cours de chimie agricole.** Page 549.

agronomique de Paris, a obtenu des résultats plus négatifs encore que ceux dont nous venons de parler.

Il sema des graines de betteraves dans des pots séparés et arrosa chacun d'eux, non avec un mélange de sels, mais *avec un seul sel. C'est, dit-il, l'unique moyen que l'on doit employer lorsqu'on désire se rendre compte de l'action fertilisante d'une substance quelconque.*

Or les betteraves arrosées avec du *chlorure de potassium (sel de Stassfurt)* donnèrent peu de feuilles, qui ne se développèrent pas, et ne tardèrent pas à jaunir.

Les betteraves au contraire qui avaient été arrosées, soit avec le *nitrate de potasse seul*, soit avec le *sulfate d'ammoniaque également seul*, soit avec le *superphosphate de chaux*, se développèrent très bien. Leurs feuilles étaient larges et d'un vert foncé.

M. Peligot conclut de ses propres expériences que le chlorure de potassium que l'on a introduit dans les engrais chimiques (à la place du nitrate) est d'une efficacité des plus contestables (1).

Nous admettons donc, jusqu'à preuves contraires, que le sulfate de potasse et la chlorure de potassium ne jouissent pas de propriétés assez bien déterminées pour être recommandés aux agriculteurs. C'est leur prix relativement bas qui les fait employer comme potasse dans les engrais chimiques. Cependant, avant de renoncer complètement à l'emploi du chlorure de potassium, on doit se demander, comme quelques expériences semblent le faire admettre, s'il ne jouerait pas le rôle d'un dissolvant des phosphates insolubles, et s'il ne pourrait pas agir sur les végétaux comme

____

(1) M. Peligot, membre de l'Institut de France. *Comptes rendus de l'Académie des sciences de Paris.* T. LXXX, p. 133.

un excitant, de la même manière que le sel agit sur les animaux.

Tous, y compris l'homme, aiment et recherchent le sel. Il excite l'appétit, fait partie du suc gastrique de l'estomac, favorise la digestion, et lui est peut-être nécessaire, quoique les urines et la transpiration le rendent tel qu'il a été pris et sans qu'il paraisse avoir subi aucune altération.

En est-il de même du chlorure de potassium à l'égard des végétaux ? C'est là une question non résolue.

En attendant qu'elle le soit, on peut employer le chlorure de potassium à petites doses, comme excitant, mais non à doses élevées, comme on le fait lorsqu'on le substitue au nitrate de potasse.

C'est à ce dernier sel qu'il faut recourir pour représenter la potasse dans les engrais chimiques. Il réunit en lui, comme nous l'avons déjà fait remarquer, deux éléments de la fertilité : l'*azote* et la *potasse*, et de plus, observation très importante due à M. Boussingault : *chaque équivalent d'azote fixé par une plante y fixe également son équivalent de potasse.*

Le nitrate de potasse contient sur 100 parties, 44 à 45 parties de potasse, et 13 à 14 d'azote. Il faut donc, dans l'évaluation de son prix qui est assez élevé, ne pas oublier qu'en achetant du nitre, on achète de la potasse et de l'azote. Lorsqu'on remplace son azote par celui du nitrate de soude qui est meilleur marché, on n'a point de potasse. Lorsqu'à la place du nitrate de potasse, on a recours au chlorure de potassium ou au sulfate de potasse, on n'a point d'azote.

Rappelons ici que le nitre sous ses différents noms de salpêtre, nitrate de potasse, azotate de potasse, se forme naturellement dans les terrains qui contiennent de la potasse et des matières organiques, du terreau. Il se forme aussi dans les fumiers et dans les décombres de vieux bâtiments.

Le sol des écuries et celui des caves contiennent toujours des nitrates.

C'est une substance, comme on le voit, créée par les seules forces de la nature et qui est des plus assimilables. Aussi M. G. Ville l'a-t-il d'abord exclusivement préconisée comme potasse, et c'est avec elle qu'il a fait pendant dix ans toutes les expériences qui ont servi de base à son système d'engrais et à ses formules.

On pourrait, il est vrai, la remplacer par le carbonate de potasse qui contient 40 à 50 % de potasse, mais ce sel a le grave inconvénient de ne pouvoir faire partie d'un engrais chimique contenant du sulfate d'ammoniaque, vu qu'il se substitue à l'ammoniaque qui, mise en liberté, se volatilise et se perd dans l'air (1).

Dans les prix courants, l'azote de l'acide nitrique est désigné sous le nom d'*azote nitrique*, sans aucune autre explication. On ne sait donc pas, dans les engrais chimiques que livre le commerce, si l'azote nitrique provient du nitrate de potasse, ou du nitrate de soude qui coûte moins cher.

Les fabricants justifient cette substitution qui est des plus

____

(1) Deux sels de potasse, le silicate et le sulfure de potasse (foie de soufre) ont été employés dernièrement et ont donné d'excellents résultats. La foie de soufre agit en même temps comme fertilisateur, et comme insecticide.

Pour les engrais spéciaux agissant à ce double point de vue, voir ma notice sur le goudron de houille, lue à la Classe d'agriculture de la Société des Arts en 1883, et publiée la même année. (*Du goudron de houille, ou coaltar.* De son emploi en agriculture pour la destruction de tous les parasites, soit végétaux, soit animaux. Imprimerie Carey. Genève.)

fréquentes, par ce fait généralement admis que la potasse et la soude existent toutes deux dans les végétaux et qu'elles peuvent se remplacer l'une l'autre.

Or c'est là, à ce qu'il parait, une grave erreur, qui a été combattue et réfutée par M. G. Ville. J'ai établi, dit-il, par des expériences directes sur le froment que la soude ne peut remplacer la potasse, et qu'en l'absence de cette dernière, la plante ne donne que des résultats incertains et précaires.

Des expériences semblables, faites sur les pommes de terre, ont été également négatives. Là où manque la potasse, la soude ne produit aucun effet. Donc la soude ne remplace pas la potasse (1).

Ce n'est pas au point de vue de telle ou telle plante, mais à un point de vue général que M. Peligot de l'Institut, a repris tout récemment cette question dans son *Traité de chimie appliquée à l'agriculture:*

« La potasse, dit-il, qu'on appelait autrefois et avec rai-
« son, l'*alcali végétal*, se rencontre dans toutes les plantes et
« dans leurs cendres, ce qui n'arrive pas pour la soude.

« Si par hasard cette dernière s'y trouve, c'est toujours
« en quantités minimes. Nous disons, si par hasard, car la
« présence simultanée des deux sels, de potasse et de soude,
« que l'on supposait d'après de nombreuses analyses se trou-
« ver dans les végétaux, n'existe pas, et n'est que la consé-
« quence du mauvais mode de dosage adopté pour l'analyse
« de la soude (2). »

Ce dosage avait pour résultat d'attribuer aux plantes ana-

(1) M. G. Ville. *Comptes rendus de l'Académie des sciences de Paris*. T. LXVI, p. 380. ; *Engrais chimiques*, p. 131.

(2) La soude existe cependant dans quelques végétaux, et plus particulièrement dans deux familles de plantes ; les atriplicées et les chénopodées.

lysées une quantité de soude d'autant plus grande, que l'analyse elle même était plus mal exécutée.

Très souvent cette soude n'était dosée que par différence, de sorte que toutes les pertes faites sur les autres éléments, comptaient pour de la soude, alors que la soude n'existait pas, et qu'on ne s'était pas même assuré de sa présence par des essais préalables.

Quant aux plantes que j'ai cultivées moi-même, ajoute M. Peligot, et que j'ai arrosées avec de l'eau contenant des sels de soude, toutes, blé, pommes de terre, avoine, haricots se sont trouvées exemptes de cette substance (1).

C'est du reste ce qui est arrivé à M. le professeur Dehérain (2). Il a arrosé à l'école de Grignon des pommes de terre cultivées en plein champ avec des dissolutions de différents sels de soude, et leurs cendres analysées ne contenaient point de soude.

Ces plantes l'avaient donc rejetée comme aliment.

Rien ne prouve plus clairement, dit encore M. Peligot, la prédilection des plantes pour la potasse que son existence dans des végétaux qui, comme les varechs, vivent dans l'eau de mer. Celle-ci contient par litre 30 grammes (1 once) de sel de soude, et seulement 20 centigrammes (4 grains) de potasse, et cependant dans ces plantes, la potasse prédomine de beaucoup sur la soude.

Aussi admet-il que si l'on pouvait par des moyens mécaniques arriver à séparer les particules de sel qui imprègnent

(1) M. Peligot, membre de l'Académie des sciences, professeur de chimie analytique à l'Institut national agronomique. *Traité de chimie analytique appliquée à l'agriculture.* Pages 355 et suivantes.

(2) M. Peligot, *Comptes rendus de l'Académie des sciences.* T. LXIX, page 1276.

les varechs et les en débarrasser par un lavage, leur analyse ne donnerait que des sels de potasse.

M. Peligot conclut donc que, dans le choix des engrais, il faut tenir compte de l'antipathie des plantes pour la soude, car accumulée dans la terre, elle exerce une action nuisible à la végétation, et s'oppose en particulier à la nitrification des éléments azotés, résultat, fait observer M. Dumas, facile à prévoir quand on connaît les propriétés antiseptiques du sel (chlorure de sodium).

Cette antipathie des plantes pour la soude est confirmée par de nombreuses observations.

Quand la soude existe dans une plante, dit **M.** Conjean, elle n'y existe le plus souvent que mécaniquement, aussi y reste-t-elle accumulée dans les parties basses, et diminue à partir de là, de manière à ce que le haut de la tige et surtout les fleurs et les fruits, n'en contiennent jamais (**1**).

Les plantes maritimes elles-mêmes semblent n'admettre la soude que par tolérance. Leurs organes supérieurs refusent de la recevoir, et dès qu'elles trouvent de la potasse, elles opèrent par elles-mêmes un triage et rejettent la soude.

M. Paul de Gasparin cite comme exemple le *mésambrian-themum cristallinum* dont les branches et les tiges sont parsemées de glandes cristallines remplies d'un sel de soude. Dès que cette plante s'éloigne de la mer et s'avance dans les terres, le sel de soude est remplacé par un sel de potasse.

Il en est de même pour le *salsola tragus*, qui est exploité pour sa soude, entre Frontignan et Aigues-Mortes. Cette

(1) M. Conjean. *La soude dans les végétaux*. Comptes rendus de l'Académie des sciences, T. LXXXVI, p. 151.

plante remonte quelquefois la vallée du Rhône et ne tarde pas à remplacer sa soude par de la potasse (1).

Mais, objectera-t-on, ce n'est point pour la soude qu'on emploie le nitrate de soude, mais c'est pour son acide nitrique qui donne de l'azote à meilleur marché, le nitrate de soude coûtant moins cher que le nitrate de potasse.

Or, même à ce point de vue, et en ne tenant pas compte des inconvénients d'un excès de soude dans les terrains, l'azote du nitrate de soude le cède en activité à celui du nitrate de potasse.

M. G. Ville donne comme preuve l'expérience qu'il a faite, d'après laquelle 1 kil. d'azote provenant du nitrate de soude a donné 161 kil. de betteraves, tandis que 1 kil. d'azote provenant du nitrate de potasse, et dans des conditions absolument égales, a donné 580 kil. (2). Poids vraiment remarquable.

D'après le même auteur, du nitrate de soude fourni comme engrais à du blé a donné de mauvais résultats. Il en a été de même lorsqu'on l'a associé avec du phosphate de chaux, mais de la potasse ajoutée au mélange lui a immédiatement communiqué une action fertilisante (3).

---

(1) M. DE GASPARIN. *Cours d'agriculture*, 3ᵐᵉ édition, T. Iᵉʳ, p. 106.

De nombreuses analyses ont conduit M. de Gasparin à affirmer qu'il n'y a point de soude dans la plupart des terrains. Il met de côté les terrains salans qui en contiennent beaucoup, ainsi que les terres d'alluvion et de diluvium qui en contiennent des traces. Ces exceptions faites, ce n'est que dans les terres fumées avec des engrais de ville ou du fumier de ferme qu'on trouve de la soude à l'état de sel marin. D'où M. de Gasparin conclut que la potasse mérite toujours davantage son nom si ancien d'*alcali végétal*.

(2) M. G. VILLE. *Engrais chimiques.* 1ᵉʳ vol., p. 176.

(3) M. G. VILLE. *Comptes rendus de l'Académie des sciences de Paris*. T. LI, p. 437.

Du reste, le nitrate de soude, qui était principalement employé pour les engrais destinés à la betterave, commence à être délaissé.

MM. Corenwinder et Woussen, dans un mémoire lu à l'Institut de France, rapportent que les cultivateurs de betteraves ont compris que le nitrate de soude constituait un véritable danger pour leur culture, et qu'il est aujourd'hui de la part des fabricants de sucre l'objet de plaintes sérieuses.

Tels sont les résultats des nombreux travaux qui ont été faits sur la soude et sur son nitrate.

Quant au sulfate de potasse et au chlorure de potassium (sel de Stassfurt) qui, dans les engrais chimiques, remplacent le plus souvent le nitrate de potasse, nous donnons ici l'opinion de M. G. Ville. « Je n'ai obtenu de bons effets, dit-il, ni du « sulfate, ni du chlorure de potassium, et mes recherches « sur ce point sont conformes à celles de M. le professeur « Schlœsing. N'ayant eu de bons effets que de la potasse « carbonatée ou du nitrate, je continuerai à recommander « ces deux produits, parce que, tous comptes faits, je ne trouve « pas qu'une économie de 8 à 10 francs par hectare soit une « compensation qui rachète les incertitudes de toute nature, « qui naissent de l'emploi d'un produit pauvre ou impur (1). »

(1) M. DE VILLE. *Engrais chimiques.* Ier vol., p. 285-286.

Plus tard, M. Ville, pour obtenir un nitrate de potasse à un prix moins élevé, a donné des formules où il le remplaçait par un mélange de *chlorure de potassium et de nitrate de soude*. Par une double décomposition entre ces deux sels, il se formerait du *nitrate de potasse* et du chlorure de sodium (sel marin). Cette double décomposition s'effectue, en effet, dans les fabriques et constitue un des procédés actuels pour obtenir le nitrate de potasse ; mais s'opère-t-elle toute seule en terre ? Telle est la question à résoudre.

Pour terminer cet article, nous concluerons avec M. Joulie que les sels de potasse *sûrement assimilables dans tous les cas* sont le nitrate de potasse et le carbonate de potasse.

Quant au sulfate et au chlorure, ils ne viennent qu'en seconde ligne, mais peuvent être rendus solubles par une association avec d'autres engrais ou par les substances mêmes du sol dans lequel ils sont employés. Aussi est-il bon, si l'on veut y recourir, de faire au moins sur une petite échelle l'essai de ces deux substances afin de s'assurer si *elles sont, oui ou non, assimilables dans les terrains et dans les conditions où l'on se propose de s'en servir* (1).

Répétons cependant ce que nous avons dit. C'est que tout en rejetant le chlorure de potassium employé à hautes doses comme engrais, et comme pouvant remplacer le nitrate de potasse, nous croyons qu'il serait possible qu'il agît à petites doses sur les végétaux comme *excitant*, de la même manière que le chlorure de sodium, le sel ordinaire, agit sur les animaux.

X

La Chaux.

La chaux est le quatrième élément de l'engrais chimique. Il est probable que plus tard on en ajoutera un cinquième : *la magnésie*, substance qui dans quelques cultures a donné d'excellents résultats.

Pour le moment, on se contente de la magnésie que la plupart des diverses espèces de chaux renferment, à des doses, il est vrai, plus ou moins fortes.

(1) M. Joulie. *Guide pour l'achat et l'emploi des engrais chimiques*. Page 105.

La chaux s'emploie en agriculture sous deux états. A l'état de *chaux vive* et à l'état de chaux combinée avec l'acide sulfurique : *le sulfate de chaux* qu'on appelle aussi *plâtre*.

Comme amendement, on se sert de la chaux vive, à la dose de 400 à 500 kil. par hectare, une fois pour toutes.

Dans cette opération, la chaux est souvent remplacée par la *marne* qui est un mélange à doses très-variables de chaux et d'argile.

Le chaulage ou le marnage se pratique pour fertiliser les terres, il leur donne l'élément calcaire qui leur est nécessaire, désagrège les argiles et les rend moins compactes et moins inaccessibles à l'air.

Le chaulage tue beaucoup d'insectes, détruit les mousses et les petits champignons parasites, qui s'attachent aux arbres et aux plantes et vivent à leurs dépens. La carie, la rouille, sont rares dans une terre chaulée.

La chaux vive rend de grands services, lorsque des matières contenant de l'azote forment des combinaisons insolubles. Sous son influence, ces matières inertes et sans action se transforment en sels d'ammoniaque ou en nitrates, sels azotés que nous savons être des plus fertilisateurs.

La chaux agit de même sur les terres nouvellement défrichées, sur celles des marais desséchés, sur celles, en un mot, qui sont riches en débris végétaux, en détritus organiques, elle change leur azote insoluble en sels azotés solubles et assimilables.

Son rôle est donc des plus utiles, tant que ces débris végétaux sont abondants; mais du moment qu'ils deviennent rares, que leur réserve est dissipée, il ne faut plus donner de chaux à la terre ou lui donner en même temps soit du fumier, soit des matières végétales.

Cette action de la chaux vive donne l'explication de ce fait :

que les fumiers mis dans une terre calcaire ont un effet puissant, mais de courte durée.

Ces terrains, selon l'expression consacrée, *brûlent les fumiers*.

La chaux vive mise en excès (de même que la potasse et les sels d'ammoniaque), change les phosphates de fer et d'alumine qui sont insolubles en phosphates solubles. Or, comme ils jouent un grand rôle dans la fertilisation du sol, on comprend l'importance de la fonction que remplit à ce point de vue la chaux employée comme amendement (1).

La chaux à l'état de chaux vive ne doit pas être mélangée avec le fumier de ferme, ni faire partie des engrais chimiques. Elle se substituerait à l'ammoniaque que ces deux engrais contiennent, et l'ammoniaque (et par conséquent l'azote qu'elle renferme) mise en liberté se dissiperait dans l'air.

Par contre, elle agit très bien dans les composts, où les feuilles et les matières végétales dominent, elle les change rapidement en terreau. Cependant, M. Dehérain, fait remarquer que dans l'ouest de la France, les cultivateurs ont l'habitude de mêler leur fumier avec de la chaux et d'en faire de véritables composts (2).

Comme élément de l'engrais chimique, la chaux s'emploie à l'état de *plâtre*, soit *sulfate de chaux*.

Le plâtre contient 34°/₀ de chaux, il est peu soluble, car il faut 450 parties d'eau pour en dissoudre une de sulfate de chaux. Néanmoins cette petite quantité en dissolution suffit pour rendre l'eau *dure ou séléniteuse*.

L'eau dure cuit mal les légumes, les durcit ; elle tranche le savon. On remédie à ce grave inconvénient dans les ménages

(1) M. le professeur DEHÉRAIN. *Cours de chimie agricole.* P. 407.

(2) M. le professeur DEHÉRAIN. *Cours de chimie agricole.* Page 525.

de la campagne en faisant fondre dans cette eau avant de s'en servir une petite quantité de carbonate de soude (cristal de soude).

Les eaux dures ne sont pas propres à l'arrosage des végétaux, elles peuvent incruster leurs racines et faire jaunir et tomber leurs feuilles. Elles ne doivent pas être employées à l'irrigation des prairies.

Le sulfate de chaux dissous dans l'eau est facilement décomposé par le terreau et par les matières végétales, débris de bois, feuilles, etc., il se transforme en sulfure, soit foie de soufre à base de chaux. Ce sulfure à son tour se transforme en chaux et en soufre. Cette dernière substance est très utile aux plantes pour la formation de l'albumine végétale qu'elles contiennent. C'est, nous l'avons déjà dit, ce sulfure qui donne l'odeur d'œufs pourris aux eaux contenant du plâtre, dans les puits mal entretenus qui renferment de la boue, ou des débris végétaux.

Le sulfate de chaux semé à la volée à la dose de quatre cents à cinq cents kilos par hectare est très favorable aux prairies artificielles, trèfle, luzerne, sainfoin, et le rôle qu'il joue dans ces cultures est encore très obscur, cependant M. le professeur Dehérain admet que le plâtre fournit à ces plantes la potasse qui est la dominante des légumineuses. Il se base sur des expériences qu'il a faites et qui ont démontré que l'eau dans une terre plâtrée dissout plus de potasse qu'elle n'en dissout dans une terre non plâtrée.

Le plâtre favoriserait donc la solubilité de la potasse insoluble.

En analysant, dit M. Boussingault, les cendres du trèfle qui a été plâtré et celles du trèfle non plâtré, on trouve dans toutes les deux à peu près la même proportion d'acide sulfurique et de chaux, mais les sels de potasse sont plus abondants dans les plantes qui ont reçu du plâtre. — Ces analyses confirmeraient donc les expériences de M. Dehérain (1).

La chaux mise en excès dans une terre ne présente aucun inconvénient et l'on cite des sols très fertiles qui en contiennent jusqu'à 50 °/₀. La fertilité qu'elle imprime au sol s'explique en partie par ce fait que nous avons déjà plusieurs fois signalé, que les terrains qui ont de la chaux, et qui en même temps renferment du terreau ont la propriété d'unir l'oxygène et l'azote de l'air, pour donner naissance à de l'acide azotique (nitrique) qui à son tour, en se combinant avec la chaux, donne naissance au sel appelé *nitrate de chaux.*

Ce phénomène constitue ce qu'on appelle la nitrification.

Il se passe sur un terrain calcaire ce qui se passe avec la chaux contenue dans les caves ou dans les murs humides. Ces murs se salpêtrent, c'est-à-dire forment des nitrates.

Les terres calcaires, surtout celles à calcaire poreux et tendre, sont donc des plus fertiles, dès qu'elles renferment du terreau.

Toujours en travail, elles préparent et créent par leurs propres forces et sans le secours de l'homme, les sels de nitre nécessaires aux végétaux.

Leur supériorité sur les terres granitiques, l'état de vigueur et de prospérité qu'elles impriment aux végétaux comme aux animaux, ont été depuis bien longtemps signalées par M. de Saussure.

Enfin, c'est encore à l'aide du plâtre mis en terre comme engrais, que des arboriculteurs ont obtenu des fruits remarquables par leur grosseur et par leur saveur. Mais là encore,

____

(1) M. Dehérain. *Cours de chimie agricole.* Page 445.

le plâtre doit être mélangé avec des matières végétales et mieux avec du fumier.

C'est une condition indispensable pour que cette substance produise tout son effet.

XI

Choix et composition d'un engrais-type.

Nous venons de faire connaître les propriétés dont jouissent les matières végétales employées seules ou à l'état de fumier de ferme.

Nous avons principalement insisté sur la propriété qu'elles ont de rendre solubles et assimilables les substances qui dans la terre sont dans un état d'insolubilité plus ou moins complet, et sur le rôle qu'elles remplissent dans la formation des nitrates, sels azotés des plus fertilisants.

Nous avons également étudié l'action qu'exercent les quatre éléments que renferme le fumier, éléments d'autant plus importants qu'ils sont les mêmes que ceux dont la réunion constitue les engrais chimiques ou minéraux.

Mais, s'il est nécessaire pour un agriculteur de connaître les propriétés des substances qui fertilisent son terrain, de savoir que l'azote favorise principalement le développement des parties foliacées, et que le phosphore favorise la fructification, cela néanmoins ne lui suffit pas.

Pour qu'il puisse appliquer les connaissances qu'il peut avoir acquises, il faut que les engrais chimiques dont il dispose soient de vrais engrais chimiques, c'est-à-dire, qu'ils soient formés de substances minérales, dont chacune ait une composition fixe et bien déterminée.

Or ce n'est qu'à l'*état de sels* que ces substances peuvent réaliser cette condition.

Il faut de plus, pour que l'agriculteur puisse employer les engrais chimiques avec intelligence et discernement, qu'il sache non seulement le nom et la provenance des sels qui les composent, mais que ces sels soient en nombre restreint, et choisis parmi ceux que la pratique aidée de la science a reconnus comme les plus actifs et les plus assimilables.

Malheureusement les engrais que préparent et que vendent la plupart des fabriques, sont bien loin de satisfaire à ces dernières conditions.

En effet, immédiatement après la publication des travaux de M. G. Ville et de ses formules, l'agriculture reçut une nouvelle et forte impulsion et de nombreux établissements se formèrent pour répondre à de nombreuses demandes. Mais, au lieu d'employer pour leurs engrais les substances que dix années d'essai avaient fait adopter par M. G. Ville, la plupart de ces fabriques recherchèrent quels étaient parmi les sels d'*azote*, de *phosphore* et de *potasse*, ceux qui coûtaient le moins cher.

Elles en vinrent ensuite, et toujours dans le même but d'économie, à substituer en tout ou en partie, aux sels d'azote immédiatement assimilables et à composition fixe, des résidus ou des débris de matières végétales ou animales. Ces matières contiennent, il est vrai, de l'azote, mais présentent le double inconvénient d'être, comme nous l'avons vu, d'une composition des plus variables, et d'avoir à subir des pertes en azote pouvant s'élever jusqu'à 30 % dans les décompositions qui leur sont nécessaires, pour se transformer en sels d'ammoniaque ou en nitrates, et devenir ainsi assimilables.

Consultons, par exemple, un des prix courants de ces fabriques. Cherchons-y quel est l'engrais destiné aux prairies naturelles, et nous y trouverons que cet engrais correspond à tel numéro.

Ce numéro indique bien que l'engrais cherché renferme 4 % d'azote, dont deux parties sont désignées sous le nom d'*azote ammoniacal* et proviennent du sulfate d'ammoniaque, mais il n'indique pas de quelles matières sont tirées les deux autres parties de cet azote.

Pourquoi ne pas les nommer en toutes lettres ?

Pourquoi en cacher la provenance ?

Ne serait-ce point pour laisser ignorer aux fabriques rivales, quelle est la substance, qui est d'un prix moins élevé, que celui du sel d'azote qu'elle remplace ?

Ou, pour se ménager la possibilité, si cette substance vient à subir une hausse, de pouvoir en substituer une autre, qui aurait subi une baisse ?

Puis, quelle sécurité cette substance azotée dont le nom est tenu secret, donne-t-elle à l'agriculteur ?

Qui lui dit que ce n'est pas un corps, qui, comme la houille, fournit bien de l'azote, lorsqu'on la soumet à des opérations chimiques, mais qui mis en terre n'en livre point, vu qu'il ne s'y décompose pas.

Mais ne supposons point le mal et admettons que cette substance, malgré son prix relativement bas, soit bien choisie et fertilise le sol, pourquoi alors en cacher le nom à celui qui l'emploie et l'empêcher de connaître une substance qui convient à son terrain ?

Continuons l'examen de cette formule. Elle renferme, dit le prix courant, 7 % de potasse pure.

Mais de quel sel de potasse, cette potasse provient-elle ?

Ce n'est point, comme cela serait désirable, du nitrate de potasse, sel cher, il est vrai, mais très actif, car alors le fabricant se serait empressé de la désigner sous le nom de *potasse nitrique*.

La substance employée est donc tirée d'une combinaison de potasse d'un prix moins élevé, du *sulfate de potasse*, sel qui se décompose très difficilement, et qui par conséquent est peu assimilable, ou du *chlorure de potassium*, dont nous avons déjà longuement constaté les propriétés douteuses, incertaines et le plus souvent négatives.

Enfin, si nous passons aux phosphates, nous trouvons que la plupart des fabricants ont substitué aux os mis en poudre, ou aux superphosphates d'os, des superphosphates provenant, soit de coquilles fossiles, soit de roches phosphatées.

Là encore, l'agriculteur ne trouve qu'incertitudes et doutes.

Nous avons, en effet, démontré par de nombreuses preuves que, si beaucoup de ces phosphates minéraux ou fossiles sont assimilables, beaucoup aussi le sont peu ou ne le sont pas, et donnent peu ou point de résultats quant au rendement d'une récolte.

Tout dépend de leur composition et du mode d'agrégation des substances qui les composent.

Il est donc de toute importance, puisque les propriétés d'un même corps varient suivant la manière dont il est combiné, que les noms et l'origine des substances qui représentent l'*azote*, la *potasse* et le *phosphore* soient connus de ceux qui sont appelés à s'en servir.

Si, par exemple, un cultivateur veut donner à son terrain de l'*azote nitrique*, c'est-à-dire de l'azote provenant d'un nitrate, il est bon qu'il sache avant de l'acheter, si celui qu'on lui vendra provient du *nitrate [de potasse* ou du *nitrate de soude ;* c'est ce que les prix courants n'indiquent pas.

Cette connaissance acquise, libre à lui de se décider et de choisir entre le premier sel et le second, qui est, il est vrai, beaucoup moins cher, mais dont la soude qui s'élève à 35^m °/₀ est, comme nous l'avons vu, mise en interdit par la plupart des végétaux, ou pour parler plus exactement, par tous les végétaux sauf quelques rares exceptions.

L'importance que nous attachons à la connaissance de l'origine des substances qui entrent dans les engrais chimiques est très grande, car on ne pourra juger de la valeur réelle des engrais achetés dans les fabriques, que lorsque les doses d'*azote*, de *phosphore* et de *potasse* qu'ils renferment, seront suivies du nom des sels qui représentent ces éléments de fertilité.

Ce n'est qu'alors aussi que l'agriculteur pourra retirer quelque fruit de la lecture aujourd'hui inutile de la plupart des travaux et des rapports que publient sur les engrais chimiques les sociétés et les journaux d'agriculture.

Du moment que les mots *azote, potasse, phosphore,* ne signifient rien par eux-mêmes, puisque les différents sels de potasse ne jouissent pas entièrement de propriétés identiques, et que la même observation s'applique aux différents sels de phosphore et aux diverses matières azotées, ces mots donnent lieu à cette question : de quelle potasse, de quel azote, de quel phosphore s'agit-il ?

Il y a en effet, au point de vue de la fertilisation du sol, potasse et potasse, phosphore et phosphore, azote et azote.

L'on comprend donc que dans un travail : *Sur la réforme à établir dans les engrais chimiques,* M. Grandeau, directeur en

France de la station agronomique de l'Est, ait fait sentir la nécessité de combler cette lacune dans l'industrie des engrais.

« Cette nécessité, dit-il, est reconnue par les chimistes les « plus renommés et même par quelques fabricants, mais elle « est généralement niée dans les établissements de cette « industrie. Elle l'est même, ce qui est triste à dire, par des « syndicats, et par des directeurs de stations agronomiques, « qui donnent la préférence aux éléments fertilisants, aux « phosphates, notamment *sans tenir aucun compte de leur* « *origine, et cela du moment qu'ils sont offerts à bas prix:*

« C'est donc avec raison, ajoute M. Grandeau, que la « commission du conseil supérieur d'agriculture de France, « propose d'ajouter à la loi de 1867, un article qui oblige les « fabricants d'engrais chimiques à indiquer non seulement le « titre des substances qu'ils emploient, mais aussi leur nom, « leur origine, et leur nature (1). »

Si cette proposition devenait loi, ce serait un premier pas vers le mode de faire de M. G. Ville, qui n'a jamais eu l'idée de soustraire à la connaissance des agriculteurs, les noms et l'origine des sels dont il se servait.

C'est ainsi qu'on les trouve désignés en toutes lettres dans sa formule destinée aux céréales et aux prairies naturelles, et qu'il donne comme étant formée de :

> Superphosphate d'os,
> Nitrate de potasse,
> Sulfate d'ammoniaque,
> Sulfate de chaux.

Là, comme on le voit, point de mystères, rien de caché et de sous-entendu, et à la simple lecture de cette formule, tout

---

(1) M. GRANDEAU. *Réforme à établir dans les engrais chimiques. Journal pratique d'agriculture*, numéro du 10 avril 1884.

agriculteur intelligent comprend qu'il peut faire lui-même son engrais ou, tout au moins, indiquer au fabricant les sels qui doivent y entrer.

S'il s'y décidait, il devrait chercher à composer un engrais bien raisonné, un engrais-type, et qui fût assez riche pour fertiliser même les terrains pauvres ou épuisés.

Cet engrais devrait lui permettre d'obtenir par une simple augmentation ou diminution de l'un des quatre sels, le mélange que la pratique lui aurait démontré convenir le mieux à telle ou telle culture.

De plus, il ferait un engrais complet, car l'expérience ou plutôt de nombreuses expériences ont prouvé que la réunion des quatre agents est indispensable pour avoir une végétation florissante, et que les inégalités considérables que présentent les récoltes ont souvent pour cause la suppression d'une ou de deux des quatre substances qui forment l'engrais complet.

Ces bases admises et le but à atteindre une fois bien défini, voici comment il procèderait.

Ayant pris connaissance des propriétés du phosphore, sachant qu'il est le plus souvent en quantité insuffisante dans la terre, que le fumier en contient peu, et que c'est l'élément qui chez tous les êtres vivants végétaux, et animaux, préside à la fructification et à la reproduction; il l'adoptera comme base de son engrais, en recourant, tant que les os ne manqueront pas, soit à leur poudre, soit à leur superphosphate.

Eux seuls ont une action toujours sûre et certaine, ce qui n'arrive pas avec les superphosphates minéraux ou fossiles.

Puis, s'appuyant sur les chimistes et sur les agronomes que nous avons cités et qui ont constaté que le phosphore ne développe toute sa puissance de fertilisation qu'avec l'aide des matières azotées, il mélangera son superphosphate avec un de ces sels.

Deux se trouvent à sa disposition dans le commerce : le *sulfate d'ammoniaque* et le *nitrate de potasse.*

Lequel des deux choisira-t-il?

Sans hésiter, il devra recourir au nitrate de potasse, et cela pour deux raisons.

La première, c'est que de tous les sels qui agissent comme azote, le nitrate de potasse est le plus actif.

La seconde, c'est qu'ayant à composer un engrais complet contenant les quatre éléments, il lui faut de la potasse. Or le nitrate de potasse qui lui fournit l'azote lui fournit également la potasse, chaque *équivalent d'azote, qui se fixe dans la plante y fixant,* suivant les beaux travaux de M. Boussingault, *son équivalent de potasse assimilable.*

Cependant, en se servant pour son engrais du nitrate de potasse qui sur 100 parties en renferme seulement 12 d'azote, contre 45 de potasse, l'agriculteur ne tardera pas à comprendre qu'il se met dans l'impossibilité de faire plus tard prédominer l'*azote*, s'il jugeait que telle culture souffreteuse l'exigeât.

En effet, en élevant la dose du nitrate de potasse, il augmenterait la dose d'azote dans le rapport de 1 seulement, tandis qu'il augmenterait celle de la potasse dans le rapport de 3 1/2.

Il ferait donc prédominer toujours plus la potasse sur l'azote, ce qui est le contraire de ce qu'il veut obtenir.

Pour tourner cette difficulté, il ajoutera au superphosphate d'os et au nitrate de potasse déjà mélangés, un troisième sel, le *sulfate d'ammoniaque* qui contient, comme nous l'avons déjà vu, 20 % d'azote.

Grâce à ce sel, il lui sera loisible d'augmenter à volonté

dans son engrais la dose d'azote, sans toucher à celle du nitrate.

Une autre raison plaide en faveur de l'addition du sulfate d'ammoniaque dans toute formule d'engrais. Comme nous l'avons maintes fois répété dans les pages précédentes, les phosphates de chaux insolubles deviennent solubles, et assimilables sous l'action de l'acide carbonique en solution. Or, ces mêmes phosphates deviennent également solubles et assimilables sous l'influence des sels d'ammoniaque. A cette expérience de M. Dumas, qu'un morceau d'ivoire, ou qu'un os se ramollit et se dissout dans de l'eau de seltz, par exemple, il faut joindre celle de M. Mène qui a montré qu'un os se ramollit et se dissout aussi dans de l'eau contenant du sulfate d'ammoniaque en dissolution.

C'est là un résultat d'une grande portée, surtout pour l'emploi des phosphates dans des terrains où le calcaire (la chaux) prédomine. Le terreau y étant promptement détruit, l'acide carbonique y fait défaut, et comme conséquence les phosphates resteraient insolubles, si le sulfate d'ammoniaque ne faisait pas ici les fonctions de l'acide carbonique.

Reste, pour compléter cet engrais, à y ajouter le quatrième élément : la *chaux*. C'est sous la forme de plâtre, (sulfate de chaux) qu'elle entre dans les engrais minéraux.

C'est dans cet état qu'elle est plus particulièrement utile aux légumineuses et qu'elle fertilise les terres, soit que le plâtre fixe l'ammoniaque volatile pour en faire du sulfate d'ammoniaque, soit qu'avec l'aide du terreau il absorbe les deux gaz de l'air : l'oxygène et l'azote pour en faire des nitrates ; soit enfin qu'il fournisse aux végétaux du soufre qui est indispensable à la formation de l'albumine qu'ils contiennent.

Tel est l'engrais chimique que les connaissances de l'agriculteur doivent lui permettre de former.

Il est composé de :

Superphosphate d'os qui représente la phosphore ;

Nitrate de potasse   »   »   l'azote et la potasse ;

Sulfate d'ammoniaque »   »   l'azote seul ;

Sulfate de chaux   »   »   la chaux.

Que manque-t-il à cet engrais pour qu'il puisse être immédiatement utilisé ?

Ce sont les doses de *phosphore*, de *potasse*, d'*azote* et de *chaux*, nécessaires pour fertiliser un espace de terrain limité : un are par exemple.

Comment les déterminer ?

Le moyen direct serait de connaître quels sont les éléments actifs et assimilables d'*azote*, de *potasse* et de *phosphore*, qui se trouvent dans la terre ; puis de connaître quelles sont les doses de ces mêmes éléments, dont a besoin la plante que l'on veut cultiver.

Or cette double connaissance échappe dans l'état actuel de la science à l'agriculteur, comme au chimiste.

L'analyse d'un terrain faite par ce dernier indique bien les substances que le sol renferme, mais elle n'établit aucune distinction entre les substances de la terre qui sont immédiatement solubles ; celles qui le deviendront probablement plus tard, et celles qui ne le deviendront jamais.

Qu'on soumette à l'analyse et aux réactions chimiques une terre contenant des phosphates minéraux, de la houille, des morceaux de granit, l'analyse, qui se sert de dissolvants plus puissants que l'eau simple, indiquera bien la présence et les doses du phosphore, de l'azote et de la potasse, que renferment les différents corps que nous venons de nommer, mais elle ne dira pas si cet azote, si cette potasse, se trouvent dans des combinaisons solubles, qui leur permettent d'être absorbés par les racines des végétaux.

C'est ainsi qu'il résulte de nombreuses analyses faites par M. Boussingault dans une terre très fertile et riche en matières azotées, que les 96 °/₀ d'azote qu'elle contenait n'avaient pas agi :

« C'est, ajoute-t-il, ce que l'analyse n'aurait pu prévoir, « elle eût confondu l'azote inerte et inutile, engagé dans des « combinaisons indécomposables, avec l'azote immédiate- « ment soluble et assimilable. » (1)

Quant au second point : *la connaissance des quantités de potasse, de phosphore, d'azote et de chaux, que telle culture prend à la terre, et qu'il faut lui restituer par des engrais,* sa solution a été pendant longtemps regardée comme ne présentant pas de graves difficultés. Il ne s'agissait que de faire les analyses des végétaux les plus utiles et de déterminer les doses des quatre éléments qu'ils renferment.

C'est ce qui a été fait, et les plantes arrachées et analysées à l'époque *de la maturité de leurs graines* ont donné une certaine quantité de potasse, d'azote, et de phosphore. Mais de nouvelles analyses faites plus récemment sur ces mêmes plantes, *au moment de leur floraison,* constatèrent que les doses des quatre éléments étaient changées et ne se rapportaient plus à celles trouvées à l'époque de leur fructification (2).

(1) M. Boussingault. *Comptes rendus de l'Académie des sciences de Paris,* T. XLVIII, p. 317.

(2) Du résultat de ces analyses, M. Joulie serait porté à conclure que les plantes ont deux périodes de nutrition. La première période foliacée irait jusqu'à l'époque de la floraison. La seconde partirait de la floraison et s'étendrait jusqu'à la fructification. L'absorption par les racines serait très active pendant la première période ; mais, dès ce moment, les plantes tireraient moins de nourriture de la terre, et utiliseraient les matériaux qu'elles

En voici un exemple bien remarquable.

Une récolte de blé d'hiver, qui contenait au mois de mai 382 kilos de potasse, n'en renfermait plus que 67 kilos 400 grammes lors de sa récolte.

L'acide phosphorique qui, au mois de juin, s'y trouvait à la dose de 85 kilos était descendu, lors de la maturité du blé, à 50 kilos 65 grammes.

En présence de pareils résultats et de différences aussi notables, on comprend que ce ne sera que lorsque de nombreuses analyses exécutées à différentes époques de la vie des végétaux se seront multipliées, que l'on pourra espérer de connaître quelles sont les doses des quatre éléments qui conviennent à chaque plante, et qu'il faut lui restituer par le moyen d'engrais appropriés.

Pour le moment, ce n'est que par des essais comparatifs faits avec l'engrais chimique, dont on supprime tour à tour un ou deux des éléments, qu'il est possible de faire l'analyse de la terre, au point de vue des substances fertilisantes et assimilables qu'elle contient.

Ces essais consistent à cultiver la même plante dans un certain nombre de parcelles de terre, de même grandeur et de même exposition, puis à donner à chacune d'elles un engrais différent, comme on le voit dans le tableau suivant :

ont emmagasinés. Ces matériaux iraient aux fruits et aux racines, la plante restituant à cette époque à la terre les éléments qu'elle lui a pris pendant la période foliacée. (M. JOULIE. *Guide et achat des engrais chimiques.* Page 122.)

Parcelles d'essais dont chacune est d'un quart d'arc (soit d'un carré dont chaque côté a 5 mètres)

I *Fumier de ferme* **150** kilos	**IV** *Engrais* sans potasse Superphosphate 1 k. — Sulfate d'ammoniaque 0 k. 875 Sulfate de chaux 0 k. 625
II *Fumier de ferme* **75** kilos	**V** *Engrais* sans azote Superphosphate 1 k. — Sulfate de chaux. 1 k. — Carbonate potasse agricole. 5 k. —
III *Engrais* type Superphosphate 1 k. — Nitrate de potasse 0 k. 500 Sulfate d'ammoniaque 0 k. 625 Sulfate de chaux 0 k. 875	**VI** *Sans engrais quelconque*

Les carrés I et II démontrent à quelle dose le fumier de ferme cesse d'être utile. En général, le carré qui a reçu 150 kilos de fumier, ne donne pas un rendement plus élevé que celui qui en a reçu la moitié moins, soit 75 kilos.

Le carré III mesure la puissance de fertilisation de l'engrais chimique complet (celui que nous proposons comme type) par rapport aux deux parcelles qui ont reçu du fumier.

Le carré IV, qui ne reçoit point de potasse, analyse la terre. S'il donne un rendement égal à celui du carré III, c'est un indice que pour *le moment* le terrain a assez de potasse. S'il donne un plus petit rendement, la potasse fait défaut, il faut en donner au sol, en revenant à la formule du carré III.

Le carré V qui ne reçoit point d'azote, analyse également la terre. Si, par exemple, ce carré donne un rendement égal à celui du carré III c'est la preuve que la terre contient pour *le moment* assez d'azote. Si au contraire le rendement est plus petit que celui de carré III, c'est une preuve que l'azote manque, et pour lui en donner, il faut revenir à l'engrais type.

Enfin le carré VI qui ne reçoit aucun engrais sert à constater si la terre a besoin d'un engrais quelconque.

Il se pourrait en effet, dans le cas où ces parcelles auraient été bien fumées pendant les années précédentes, qu'elles fournissent toutes les mêmes rendements, et cela jusqu'à ce que les éléments fertiles du sol fussent épuisés, ou ne fussent plus dans les proportions voulues pour telle ou telle culture.

Le phosphore devant toujours faire partie des engrais chimiques, aucun carré d'essai ne lui a été réservé.

Comme moyen de simplifier ces expériences, on peut, dans la plupart des cas, se borner à répandre çà et là, au milieu du même champ, quelques poignées de l'engrais dont on veut connaître la valeur. On plante un piquet indiquant la place, et on compare les résultats obtenus avec ceux que donne la partie voisine qui n'a rien reçu.

Ce sont des expériences de ce genre, continuées pendant dix ans et faites au double point de vue du choix des substances et de leurs doses, qui ont permis à M. G. Ville d'établir de nombreuses formules d'engrais très utiles comme études scientifiques, mais dont le choix est très embarrassant pour un agriculteur.

La plus importante est la suivante. Elle est destinée à fertiliser les terres pauvres et stériles. C'est la formule A de M. G. Ville. L'azote en est la dominante :

100 kilos de cette formule-type renferment 6 k. 700 gr. azote, 5 k. phosphore, 7 k. 800 gr. potasse, 20 k. 200 gr. chaux.

Pour les fournir à la terre, il faut lui donner :

Pour 100 kil.	P^r un hectare	P^r un are
33 k 340 gr. superphosphate chaux.	400 k.	4 k. —
16 k. 660 gr. nitrate potasse.	200 k.	2 k. —
20 k. 830 gr. sulfate ammoniaque.	250 k.	2 k. 500
29 k. 170 gr. sulfate de chaux.	350 k.	3 k. 500
100 k.	1200 k.	12 k.

Tel est l'engrais que nous voudrions voir généralement adopté. Il est complet, vu qu'il renferme les quatre éléments de la fertilité.

L'azote y est représenté sous deux formes, à l'état d'azote nitrique provenant du nitrate de potasse, et à l'état d'azote ammoniacal, provenant du sulfate d'ammoniaque.

M. G. Ville recommande cet engrais où l'azote prédomine, pour les *céréales*, le *chanvre*, le *colza*, le *sarrasin*, les *betteraves, carottes, jardinage, houblon, milliet et pour les prairies naturelles.*

Destiné à fertiliser des terres pauvres et presque stériles, il contient de fortes doses des quatre éléments actifs, doses qui, dans des terres bien entretenues, peuvent être réduites d'un tiers ou même de moitié.

De cette richesse de composition, et surtout de la présence des quatre agents, il résulte qu'il réussit également bien pour toutes les cultures, et de même que le fumier de ferme remplace très avantageusement les différents composts que l'on peut donner à la terre, de même cet engrais tient lieu de toutes les autres formules d'engrais chimiques.

C'est ce qu'ont compris quelques fabriques et en particulier la grande fabrique de St-Gobain qui offre et recommande, dans son prix-courant : *un engrais complet dont l'efficacité est éprouvée, pour toutes les cultures, et pour tous les terrains.*

Dans cet engrais A, c'est l'azote qui prédomine. Si cependant le cultivateur désirait que la potasse fût la dominante, il n'aurait qu'à augmenter la dose du nitre et à abaisser celle du sulfate d'ammoniaque et même à supprimer ce sel. C'est ce qu'a fait M. G. Ville dans sa formule C, que voici :

Superphosphate d'os . . 4 kil. par are.
Nitrate de potasse. . . 3 kil. 500 »
Sulfate de chaux . . . 4 kil. 500 »

Cette formule est recommandée pour les *pommes de terre,*

le *tabac*, le *lin*, les *légumineuses*, telles que *luzerne*, *sainfoin*, *vesces*, *lupins*, *pois*, *lentilles*, *fèves*, *féveroles*, *haricots*, plantes qui, selon M. G. Ville, ont besoin d'un excès de potasse.

Si l'on veut que le phosphore soit la *dominante*, il suffit d'augmenter la dose du superphosphate et l'on a pour formule et par are :

Superphosphate d'os. . . 5 kil.

Nitrate de potasse . . . 2 »

Sulfate d'ammoniaque . . 2 »

Sulfate de chaux . . . . 5 »

Pour faire prédominer la *potasse* et le *phosphore*, on augmente la dose du superphosphate et celle du nitre, et on supprime le sulfate d'ammoniaque.

On a alors pour un are :

Superphosphate de chaux. 5 à 6 kil.

Nitrate de potasse . . . 3 à 4 »

Sulfate de chaux . . . 4 à 2 »

Cette formule s'emploie pour la culture de la *vigne*, pour celle des *arbres fruitiers* et des *arbustes d'agrément*.

Enfin, si l'agriculteur veut remplacer le guano qui ne contient que du phosphore et de l'azote, il supprime le nitre et a pour formule et par are :

Superphosphate d'os. . . 4 kil.

Sulfate d'ammoniaque . . 3 kil.

Sulfate de chaux. . . . 5 kil.

Cet engrais est incomplet, aussi il n'est pas prudent de

l'employer de suite pendant plusieurs années sur le même terrain.

Il est fortement recommandé pour les *prairies naturelles* quand le sol contient de la potasse, ce qui se reconnaît par la présence dans l'herbe du trèfle et d'autres légumineuses.

Telles sont les modifications les plus importantes que peut subir cet engrais-type dont l'agriculteur connaît tous les éléments. S'il l'adoptait, il ne tarderait pas à se l'approprier et à modifier lui-même, et selon ses besoins, les doses respectives des différents sels qui le composent. Alors, il serait à même de juger, par comparaison, des résultats que donnent dans ses terres les substances que nous avons cru devoir indiquer comme d'une efficacité douteuse et incertaine.

Alors aussi, il renoncerait à l'emploi de ces nombreux engrais qui affichent la ridicule prétention de s'adapter à chaque terrain et à chaque culture particulière.

Or ces engrais, outre le grave inconvénient qu'ils présentent d'être souvent incomplets et de ne pas renfermer les substances reconnues comme les plus assimilables, ne diffèrent les uns des autres que par des doses insignifiantes.

L'agriculteur s'en convaincrait par lui-même, si leurs formules au lieu d'être incompréhensibles comme elles le sont, étaient écrites en toutes lettres avec les noms de leurs éléments et de leur origine, conformément au projet de la commission du conseil supérieur d'agriculture de France.

Si ce projet était adopté, il aiderait l'industrie des engrais à sortir de la crise qu'elle traverse et que signale M. Joulie, « crise qui engendre les plus tristes résultats, l'agriculture « ne sachant au juste ce qu'elle veut, et étant par cela même « en butte aux entreprises de tous les intrigants, qui pro-

« fitent de ses hésitations pour faire accepter des produits sans valeur. »

Néanmoins, l'initiative privée des cultivateurs l'emportera toujours sur une mesure législative quelconque, aussi nous ne saurions trop les inviter à suivre les conseils de M. Dudoüy, qui, dans une conférence, exhorta ses auditeurs « à composer sous leur toit les engrais que réclame leur « domaine. Habituez-vous, leur dit-il, à raisonner vos « fumures, à combiner vous-mêmes les éléments de fertilité « que réclame chaque récolte. Vous n'êtes pas des enfants, « vous savez choisir vos racines, vos semences, vos bestiaux. « Sachez donc aussi faire vos engrais avec les matières « achetées hors de la ferme. » (1)

M. Schlœsing fait la même recommandation. Ce professeur de chimie à l'Institut national agronomique de Paris engage tout cultivateur doué de quelque intelligence à s'interdire l'usage de ces engrais à formules qu'il ne comprend pas, à acheter ses matières premières, et à faire lui-même ses mélanges.

Si ces conseils étaient suivis, on verrait se réaliser la prédiction de l'illustre doyen des chimistes, M. Chevreul : « que le temps n'est pas loin où l'agriculteur, imitant « l'exemple du maraîcher préparera lui-même ses engrais « chimiques, ses composts, et n'usera plus de ceux qu'il ne « connaît pas. »

Alors à toutes les chances qui menacent sans cesse, et découragent l'homme qui cultive la terre ; à toutes les déceptions que lui causent le gel, la grêle, les tempêtes, et les nombreux parasites animaux et végétaux qui attaquent ses récoltes, ne

____

(1) M. Dudoüy, directeur et fondateur de l'Agence centrale des agriculteurs de France. *Conférence sur les engrais chimiques.* P. 22.

viendraient pas encore se joindre celles qui proviennent d'engrais mal préparés, peu actifs, ou appliqués sans discernement et qui, sans qu'il en connaisse ou en comprenne les causes, ne tiennent pas les promesses sur lesquelles il pouvait légitimement compter.

C'est dans l'espérance de contribuer, fût-ce pour une part minime, à ce que les agriculteurs entrent dans cette voie nouvelle, et pour les aider à y marcher avec quelque sécurité, et sans qu'ils soient arrêtés par trop d'obstacles, que j'ai donné et publié (grâce à l'Institut et à son Président de la Section d'agriculture, M. L. Archinard) ces trois conférences sur l'alimentation des végétaux.

Puissent-elles leur être de quelque utilité.

XII

Conservation. Epandage des engrais.

Il faut avoir soin de tenir les engrais chimiques dans un lieu sec. Ils se conservent alors très bien.

Si cependant la masse s'était durcie, il faudrait avant de l'employer, en briser les grumeaux.

Quelques jours avant l'épandage, il est bon de les mêler avec une ou deux fois leur volume de sable, ou mieux, comme nous l'avons dit, avec de la terre de jardin ou du terreau.

L'engrais ne doit jamais être mis en contact avec la graine ou semence, celle-ci ne doit être mise en terre que quelques jours après l'épandage.

L'engrais ne doit pas être enterré profond, il faut que les jeunes racines le trouvent immédiatement. Sous l'influence de la pluie il ne tarde pas à descendre dans la terre.

Pour les plantes à racines longues et pivotantes, l'engrais doit être mis à une plus grande profondeur. On le répand alors en deux fois, moitié avant le labour, et moitié après.

Il faut avoir soin, vu sa puissance d'action, d'éviter qu'il ne s'accumule par places.

Pour cela on porte sur le terrain l'engrais à répandre, on le partage en petits tas égaux, et à égale distance les uns des autres, puis on le sème à la volée par un temps calme.

Quand on répand l'engrais en couverture, il faut, toutes les fois que la chose est possible, faire passer la herse, afin de bien le mêler avec la terre.

Lorsque, comme nous le conseillons, l'engrais chimique est employé concurremment avec le fumier, on enterre d'abord ce dernier par un labour, puis on répand l'engrais et l'on fait passer la herse.

Si on dépose au pied d'une plante une dose quelconque d'engrais chimique, il faut toujours la mélanger avec deux ou trois parties de terre.

Le plus possible il convient de mettre l'engrais lorsque le temps va se mettre à la pluie, elle le dissout rapidement, et en imbibe bien également le sol.

Cette précaution est surtout nécessaire lorsqu'on le répand en couverture sur une récolte déjà levée, sur le blé par exemple, au printemps.

L'eau dissout la partie d'engrais qui s'est attachée aux jeunes tiges et qui pourrait y exercer une action nuisible.

Dans les grands domaines, on se sert de machines pour l'épandage des engrais pulvérulents.

Il y a même des machines combinées de manière à répandre en même temps les graines et les engrais. Elles enfouissent les premières à la profondeur voulue, et mélangent l'engrais à la terre avec laquelle elles recouvrent les graines.

Mais il est mieux de séparer les deux opérations et de recourir aux différents moyens que nous venons d'indiquer, et qui sont ceux que l'expérience à consacrés comme suffisamment pratiques et comme donnant d'excellents résultats.

Quant au moment le plus favorable pour l'épandage de ces engrais, il doit varier suivant leur composition.

Ceux par exemple, dont nous avons donné les formules, n'ayant pour ainsi dire aucune décomposition à subir pour fertiliser la terre, et étant sous l'action de la pluie promptement dissous et assimilables, peuvent être répandus en février ou en mars.

Il n'en est pas de même des engrais où entrent des phosphates minéraux ou fossiles, ni de ceux où le nitrate de potasse a été remplacé dans son azote et sa potasse par des matières végétales ou animales azotées, et par du chlorure de potassium, du sulfate de potasse, ou des sels de Stassfurt. Ils doivent être mis en terre en automne, car ils ont besoin, pour devenir assimilables, de subir des transformations et des décompositions, avec les diverses substances qu'ils peuvent rencontrer dans le sol, transformations qui seront d'autant plus complètes qu'ils auront été plus longtemps en terre, et soumis aux diverses influences atmosphériques.

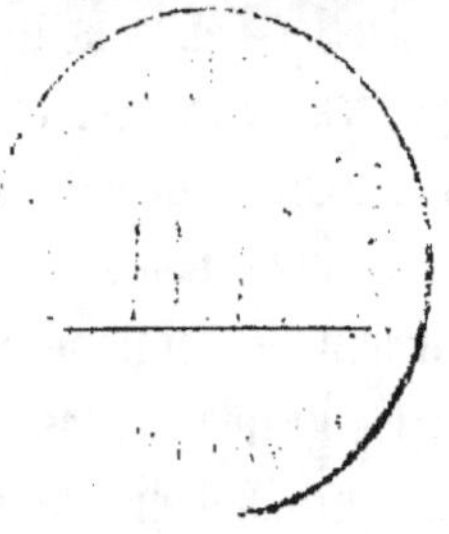

TABLE DES MATIÈRES

FIN

www.ingramcontent.com/pod-product-compliance
Lightning Source LLC
LaVergne TN
LVHW021846170726
843503LV00003B/1094